c o n t e n t s

攝影協助
EIN SHOP 自由之丘
東京都目黑區自由之丘 2-14-15
TEL 03-5731-8946
www.einshop.jp
COUNTRY SPICE
東京都世田谷區奧澤 7-14-12
TEL 03-3705-8444

材料提供
Sun-Olive 株式會社
東京都中央區日本橋馬喰町 2-2-16
TEL 03-5652-3761
HAMANAKA 株式會社
京都總店：京都府京都市右京區花園藪之下町 2 番地之 3
　　　　　TEL 075-463-5151
東京分店：東京都中央區日本橋濱町 1 丁目 11 番 10 號
　　　　　TEL 03-3864-5151

STAFF
編輯＊矢口佳那子　石井君江
主編＊相良敦子
攝影＊藤田律子
版面＊松原優子
插圖＊白井郁美

1　圓桶包

水桶般的造形，看起來可愛。
圓形袋底的提包，
袋口的裝飾線和袋身的小巧口袋，
是這款手提包的重點設計。

作法＊P.46
設計・製作＊OIKAWASAYO

外出愛用的多款包包

鮮少能在店裡看到不織布提袋、包包。
使用厚質地的不織布，再加上內袋，
不但牢固，而且又好用。
也可以成為服裝搭配的要角！

2　花朵外出提包

色彩鮮艷的花朵，搭配蝴蝶造型的胸
針，襯映出淺灰色提包的設計感。提把
部分使用兩層不織布，為這款提包增加
了耐用程度。

作法＊P.42
設計・製作＊三社晴美

3　皺褶少女包

抽縮皺褶的設計，呈現出這款帶有膨膨感的
少女包。大格紋布料搭配蕾絲做成的胸針，
發揮了畫龍點睛的效果。

作法＊P.44
設計・製作＊白石有紀
（Handmade Shop Puppy）

4 · 5 滾邊小提包

成套的小提包，可愛的圓滾造形。
提把部分使用斜布條滾邊，方便又
好提。

作法 ＊ P.47
設計・製作 ＊ OIKAWASAYO

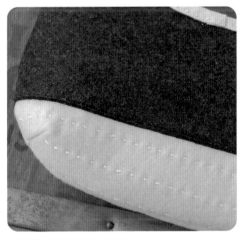

平針繡的裝飾線是設計重點。

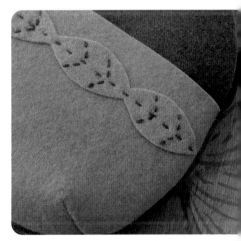

口袋部分縫上了葉片形狀的不織布。

6 方型手提袋

有如牛奶糖般的俏皮造型手提袋。
因為尺寸較大，所以容量多又多。
袋子側邊低調地點綴了標籤布，增
添可愛感。

作法＊P.48
設計・製作＊Bleu Blanche

連袋子裡面都相當講究，不但有包裝紙風
格的口袋，內袋上還有車縫壓縫線。

標籤上繡有「蜜漬杏桃」的
字樣。

7 早餐袋

早餐絕不可缺少的果醬，做個手提
袋來裝果醬瓶，看起來就是這麼可
愛。打開袋蓋一看，裡面是漂亮的
粉綠色。

作法＊P.50
設計・製作＊Bleu Blanche

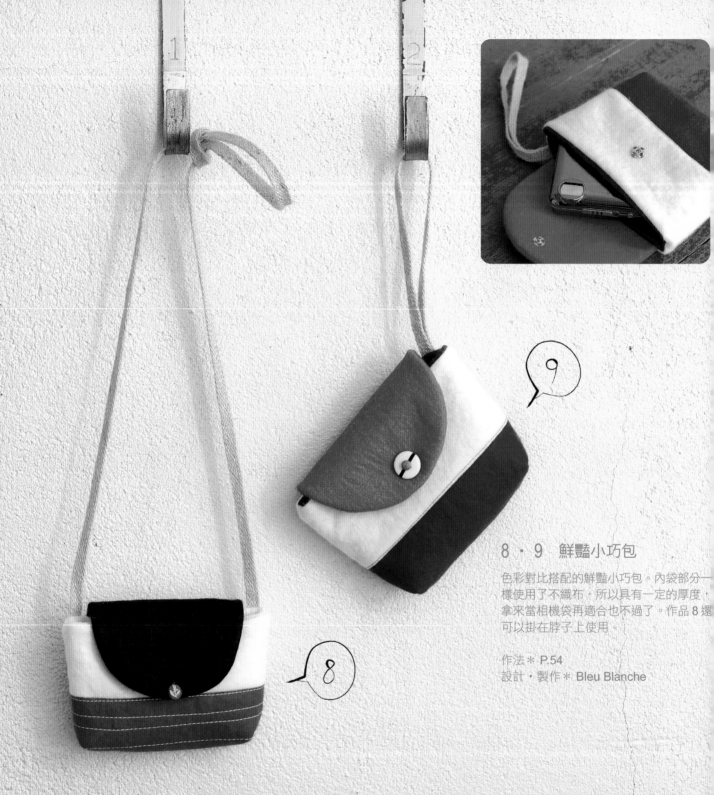

8・9 鮮豔小巧包

色彩對比搭配的鮮豔小巧包。內袋部分一樣使用了不織布，所以具有一定的厚度，拿來當相機袋再適合也不過了。作品8還可以掛在脖子上使用。

作法＊P.54
設計・製作＊Bleu Blanche

各種的小巧包，裡面裝什麼好呢？

手提袋裡面的小東西，正需要小巧的包包來分類。
製作各式不同的小巧包，還可依據用途及心情來替換使用。

10・11　蝴蝶結小巧包

未經修飾的布邊，剪成大大的半圓造型，
再加上袋蓋裝飾的蝴蝶結緞帶，看起來很
可愛。適合愛作夢的女孩包！

作法＊P.53
設計・製作＊Bleu Blanche

12 · 13　長版小巧包

藍色與白色的飛鳥，搭配簡潔的長方形，
做成扁扁的小包包。將作品 13 的飛鳥鏤空
剪下，縫在作品 12 上，呈現出具有藝術感
的設計風格。

作法＊ P.11
設計・製作＊ Bleu Blanche

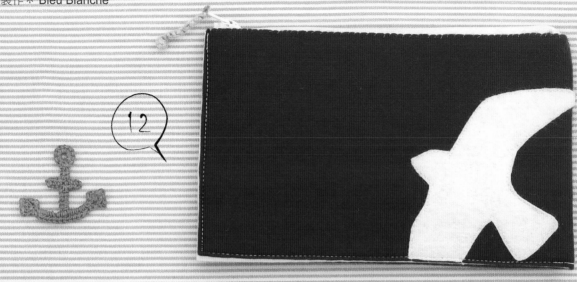

作品 12 材料
不織布A（白色）厚1mm　40cm×25cm
不織布B（藍色）厚1mm　40cm×15cm
拉鏈　長18cm 1條
麻繩　粗0.2cm 長30cm

作品 13 材料
不織布A（白色）厚1mm　40cm×15cm
不織布B（藍色）厚1mm　40cm×15cm
拉鏈　長18cm 1條
麻繩　粗0.2cm 長30cm

製圖

作品 12
本體前片
（不織布B・1片）
本體後片
（不織布A・1片）

作品 13
本體前片
（不織布A・1片）
本體後片
（不織布B・1片）

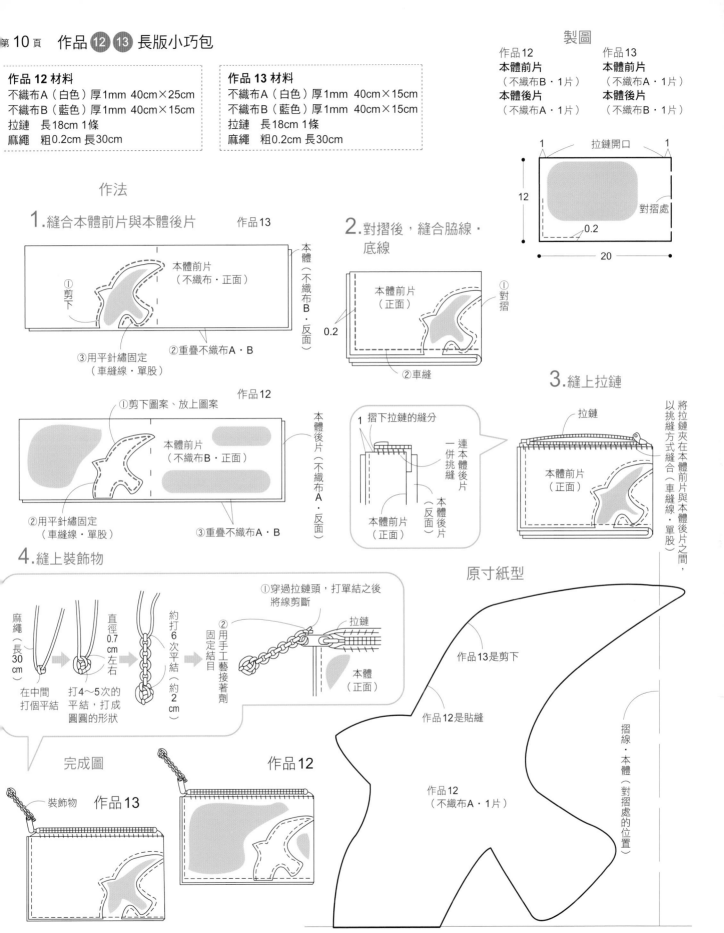

作法

1. 縫合本體前片與本體後片　作品13
①剪下
本體前片（不織布・正面）
②重疊不織布A・B
③用平針繡固定（車縫線・單股）
本體（不織布B・反面）

①剪下圖案、放上圖案　作品12
本體前片（不織布B・正面）
②用平針繡固定（車縫線・單股）
③重疊不織布A・B
本體後片（不織布A・反面）

2. 對摺後，縫合脅線・底線
本體前片（正面）
0.2
①對摺
②車縫

拉鏈開口
1　　　1
12
對摺處
0.2
20

3. 縫上拉鏈
1 摺下拉鏈的縫分
連本體後片一併挑縫
本體前片（正面）
本體後片（反面）
拉鏈
本體前片（正面）
將拉鏈夾在本體前片與本體後片之間，以挑縫方式縫合（車縫線・單股）

4. 縫上裝飾物
麻繩（長30cm）
在中間打個平結
直徑0.7cm左右
打4～5次的平結，打成圓圓的形狀
約打6次平結（約2cm）
固定結目
①穿過拉鏈頭，打單結之後將線剪斷
拉鏈
②用手工藝接著劑
本體（正面）

原寸紙型
作品13是剪下
作品12是貼縫
作品12（不織布A・1片）
摺線・本體（對摺處的位置）

完成圖
裝飾物　作品13
作品12

14・15 蕾絲小巧包

素雅的小巧包，模樣雖然簡單，但卻散
發成熟的風味。鎖針的麻繩則以捲繞在
包包上的方式使用。

作法＊P.56
設計・製作＊白石有紀
（Handmade Shop Puppy）

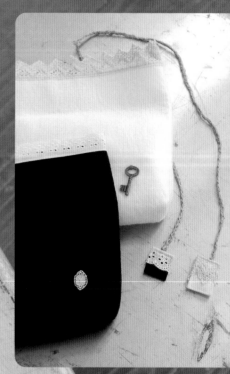

蕾絲吊飾縫在麻繩前端，顯得格外時尚。

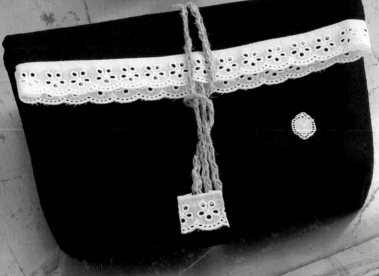

16　圓形小巧包

自行車的刺繡圖案，是這款圓形小巧包的重點裝飾。此外，包包的正面與反面分別使用了不同顏色的不織布。

17　摺疊式小巧包

下摺式的小巧包，用鈕扣固定袋口，粉紅色的刺繡則發揮畫龍點睛的效果。

作法＊ 16…P.58
　　　 17…P.57
設計・製作＊OIKAWASAYO

作品16的反面有拉鏈開合；作品17打開之後可以看到有一個小口袋。

18・19 口金包

繡有花朵與水滴圖案的零錢包，不但
交疊不織布的縫分，而且還加上了裡
布，所以即使零錢變多、重量變重，
一樣堅固耐用。

作法＊P.60
設計・製作＊西村明子
口金＊Sun-Olive

可愛隨身小物，時時陪伴身邊

每天隨身帶在身邊的小東西，如果用觸感柔和的不織布製作，
相信能讓你更加愛不釋手，或是當禮物送人也相當合適。

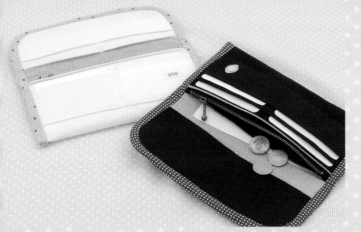

內側選用了麻質的布料。

20 · 21 長方形錢包

這款長方形的錢包，可以用來放置鈔票、信用卡，同時
還附有拉鍊夾層，可以裝零錢。單一色彩的不織布，搭
配圓點圖案的斜布條滾邊，堪稱是絕佳的組合。另外還
有可愛的小圖案布片，扮演了重要的裝飾角色。

作法＊P.62
設計・製作＊白石有紀（Handmade Shop Puppy）

存摺包的左右兩個口袋都可以放東西。

飾品包裡面有固定耳環用的布片，還有用來穿戒指的戒指套以及口袋。

22 存摺包
23 飾品包
24 名片夾

方便又好用的三件組。色彩的搭配鮮豔，最適合用來收納重要物品。

作法＊22・24…P.59
　　　23…P.64
設計・製作＊三社晴美

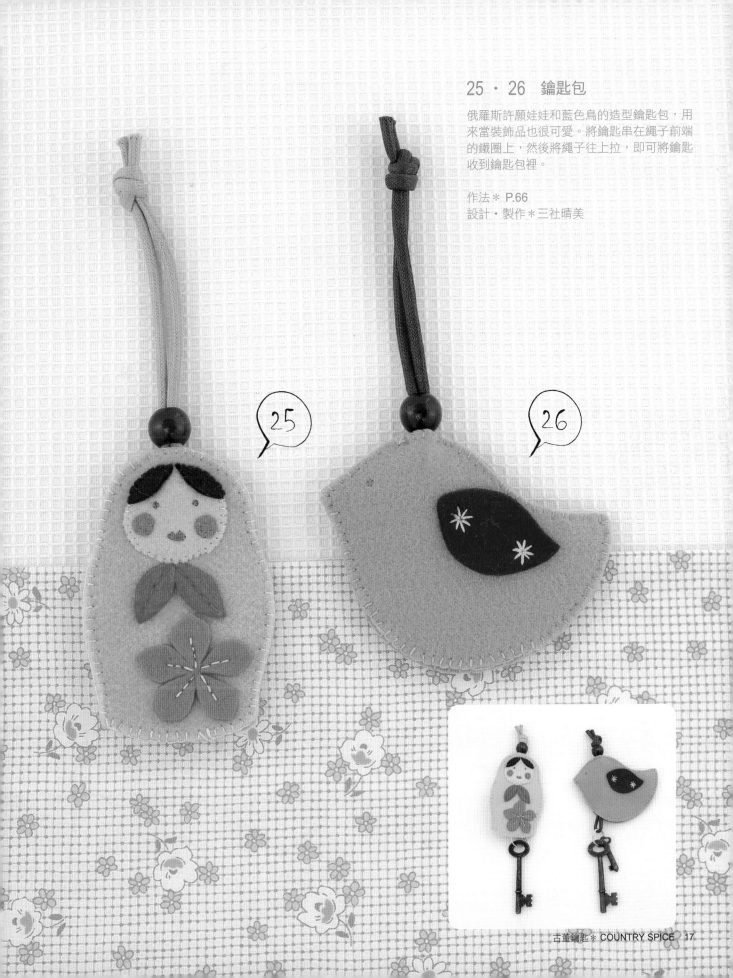

25・26 鑰匙包

俄羅斯許願娃娃和藍色鳥的造型鑰匙包，用來當裝飾品也很可愛。將鑰匙串在繩子前端的鐵圈上，然後將繩子往上拉，即可將鑰匙收到鑰匙包裡。

作法＊P.66
設計・製作＊三社晴美

27・28　手機袋
29・30　手機吊飾

可在手機袋側邊的穿口穿上緞帶,然後綁在籃子的提把上,且打個蝴蝶結,讓手機袋垂掛在籃子外。另外,還有花朵形狀的手機吊飾,可以和手機袋搭配成一套。

作法＊ 27・28…P.67
　　　 29・30…P.69
設計・製作＊ yukimi
緞帶＊ HAMANAKA

31・32 面紙包

色彩鮮豔的貼縫圖案,做成了這款可愛的面紙包。打開袋蓋一看,袋蓋裡面的顏色和貼縫圖案一樣,鮮豔極了。

作法＊P.68
設計・製作＊三社晴美

面紙包的抽出口有著低調而特別的波浪形布邊。另外,面紙包的後面還有個口袋。

33 · 34　胸針
35　髮夾

不織布做成的胸針與髮夾，可以用在服裝搭配上。製作的時候，先在花瓣的外圍縫上平針繡、抽縮，然後利用蒸氣熨斗的蒸氣定型，即可做出漂亮的皺褶。

作法＊P.21
設計・製作＊西村明子

作法

作品 33 ・ 34 材料（一個的材料）
不織布（作品33紅紫色・作品34豆沙色）厚1mm 20cm×20cm
手工藝棉　適量
別針　1個
●原寸紙型請見第82頁。

作品 35 材料
不織布（淺紫色）厚1mm 20cm×15cm
手工藝棉　適量
髮夾　1個
●原寸紙型請見第82頁。

1. 製作花瓣

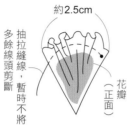
密密地縫上一道線（平針繡）
花瓣（正面）

約2.5cm
抽拉縫線，多餘線頭剪斷，暫時不將
花瓣（正面）

※以相同方式製作所有的花瓣。

2. 製作花蕊 A

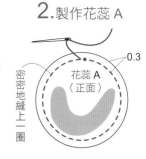
0.3
花蕊 A（正面）
密密地縫上一圈

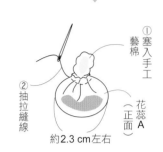
① 塞入手工藝棉
② 抽拉縫線
花蕊 A（正面）
約2.3 cm左右

3. 製作花蕊 B

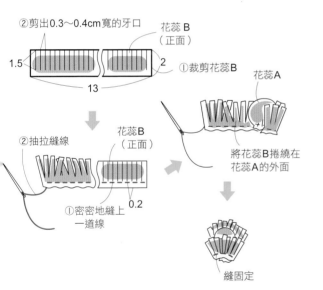
② 剪出0.3～0.4cm寬的牙口
花蕊 B（正面）
① 裁剪花蕊 B
1.5
2
13

② 抽拉縫線
花蕊 B（正面）
① 密密地縫上一道線
0.2

花蕊 A
將花蕊 B 捲繞在花蕊 A 的外面

縫固定

4. 將花瓣縫在花蕊上

在花蕊的外圍縫上 3 片花瓣

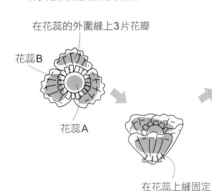
花蕊 B
花蕊 A
在花蕊上縫固定

以交疊的方式縫上 3 片花瓣，然後再接續縫上 3 片花瓣

※作品35的5片花瓣不需重疊，直接縫在花蕊的外圍。

5. 縫上補強布・別針（作品 33 ・ 34）

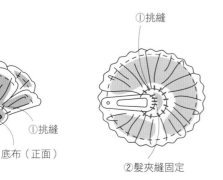
① 挑縫
② 固定別針
底布（正面）

5. 縫上補強布・髮夾（作品 35）

① 挑縫
② 髮夾縫固定

6. 利用蒸氣熨斗的蒸氣定型

完成圖

作品 33 ・ 34
① 調整形狀
② 利用蒸氣熨斗的蒸氣定型
③ 等不燙了之後將花瓣的線抽掉

作品 35
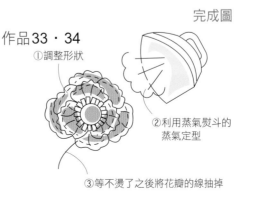
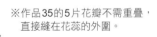

※所有的布片都以不留縫分的方式裁剪。

內側使用蕾絲裝飾。

36 · 37　書套

喜歡的書，一樣可以用不織布做成的
書套提供溫柔的保護。作品 36 是色
彩鮮艷的補釘風格；作品 37 則有酢
漿草與酢漿花的貼縫圖案。

作法＊P.24
設計・製作＊OIKAWASAYO

22

38～41　書籤

喜歡閱讀的人，一定也希望擁有與眾不同的書籤。作品 38 的眼鏡造型書籤是直接掛在書頁裡；作品 39 和作品 40 是利用小貓背後的迴紋針固定在書上；作品 41 的緞帶則發揮點綴效果。

作法＊ 38…P.75
　　　 39～41…P.25
設計・製作＊ OIKAWASAYO

38

39

40

41

製圖

作品 36 材料
不織布A（磚紅色）厚1mm　35cm×25cm
不織布B（灰色）厚1mm　10cm×5cm
不織布C（淺褐色）厚1mm　5cm×5cm
蕾絲　寬2.3cm 長20cm
緞帶　寬0.3cm 長20cm
25號刺繡線（褐色・土黃色・土耳其藍・米白色）
●原寸紙型請見第84頁。

作品 37 材料
不織布A（藏青色）厚1mm　35cm×20cm
不織布B（黃綠色）厚1mm　5cm×5cm
不織布C（白色）厚1mm　5cm×5cm
蕾絲　寬2.3cm長20cm
緞帶　寬0.3cm長20cm
25號刺繡線（薄荷綠・綠色・白色）

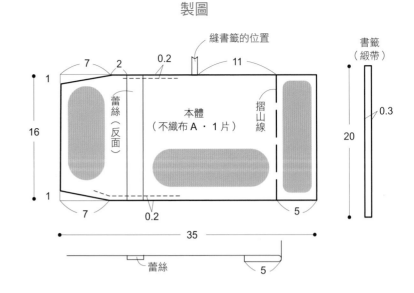

書籤
（緞帶）

1.貼縫與刺繡

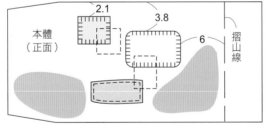

作品37

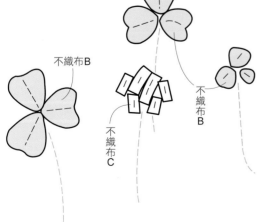

作品36

2.摺下插入口，縫上蕾絲・書籤，縫合上下邊

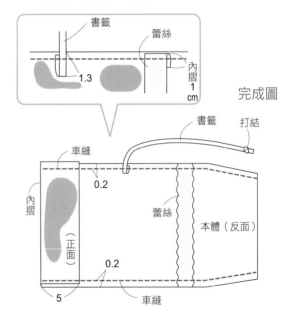

完成圖

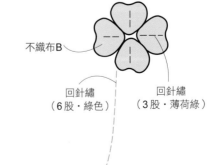

作品 37 的原寸圖案

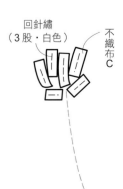

不織布B

不織布C

不織布B

不織布B

回針繡
（6股・綠色）

回針繡
（3股・薄荷綠）

回針繡
（3股・白色）

不織布C

※所有的布片都以不留縫分的方式裁剪。

作品 39 材料
不織布（米白色）厚1mm　5cm×10cm
25號刺繡線（黑色・米白色・深褐色・米黃色）
迴紋針　1個

作品 40 材料
不織布A（白色）厚1mm　5cm×5cm
不織布B（黑色）厚1mm　5cm×5cm
不織布C（米白色）厚1mm　5cm×5cm
25號刺繡線（米黃色・黑色）
迴紋針　1個

原寸紙型・圖案

作品40

作法

1.貼縫・刺繡

①縫上布片

②繡上圖案

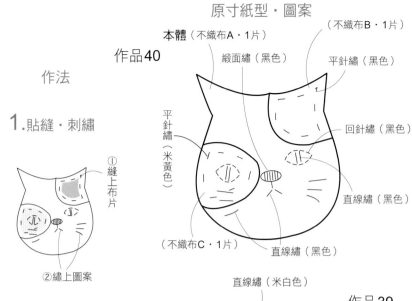

本體（不織布A・1片）
（不織布B・1片）
緞面繡（黑色）
平針繡（黑色）
平針繡（米黃色）
回針繡（黑色）
直線繡（黑色）
（不織布C・1片）
直線繡（黑色）

2.縫上迴紋針

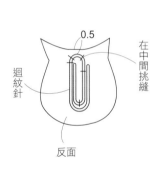

0.5
在中間挑縫
迴紋針
反面

完成圖

※刺繡部分全部使用25號刺繡線・6股。

作品39

本體
（不織布・1片）
直線繡（米白色）
回針繡（黑色）
直線繡（黑色）
緞面繡（黑色）
緞面繡（深褐色）
緞面繡（深褐色）
緞面繡（米黃色）

作品 41 材料
不織布（米白色）厚1mm 10cm×10cm
25號刺繡線（胭脂紅色）
緞帶　寬1cm　長15cm

作法

1.刺繡

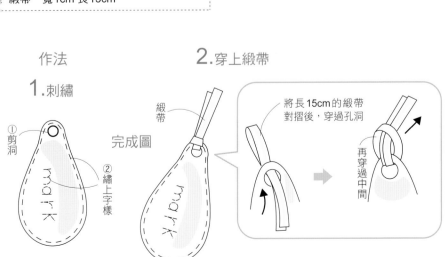

①剪洞

②繡上字樣

完成圖

2.穿上緞帶

緞帶

將長15cm的緞帶對摺後，穿過孔洞

再穿過中間

原寸紙型・圖案

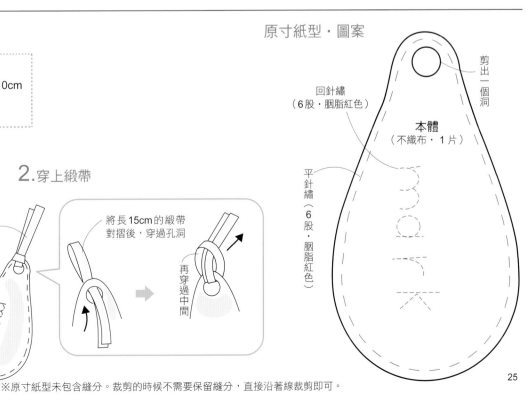

回針繡
（6股・胭脂紅色）

剪出一個洞

本體
（不織布・1片）

平針繡（6股・胭脂紅色）

※原寸紙型未包含縫分。裁剪的時候不需要保留縫分，直接沿著線裁剪即可。

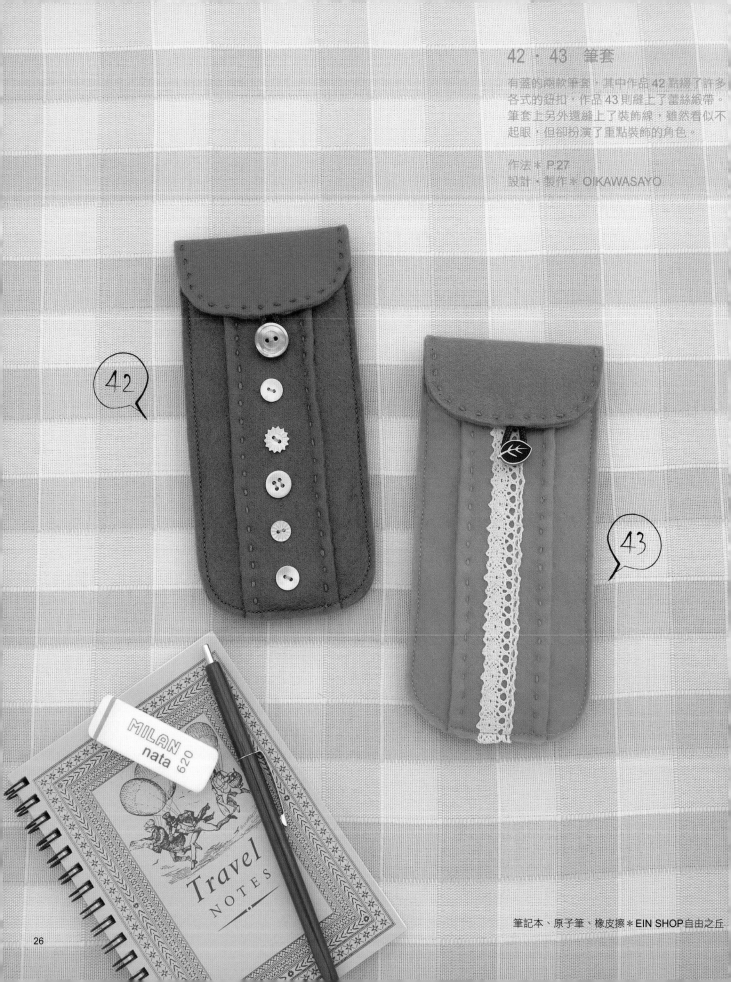

有蓋的兩款筆套，其中作品42點綴了許多
各式的鈕扣，作品43則縫上了蕾絲緞帶。
筆套上另外還縫上了裝飾線，雖然看似不
起眼，但卻扮演了重點裝飾的角色。

作法＊P.27
設計・製作＊OIKAWASAYO

筆記本、原子筆、橡皮擦＊EIN SHOP自由之丘

作品 42 材料
不織布A（綠色）厚1mm　20cm×20cm
不織布B（褐色）厚1mm　20cm×10cm
鈕扣　直徑1.5cm 1個
裝飾鈕扣　大小依個人喜好5個
圓繩　粗0.2cm長5cm
25號刺繡線（褐色・綠色）
●原寸紙型請見第84・85頁。

作品 43 材料
不織布A（芥末黃）厚1mm　20cm×20cm
不織布B（淺褐色）厚1mm　20cm×10cm
蕾絲　寬1.5cm長20cm
鈕扣　直徑1.5cm 1個
圓繩　粗0.2cm長5cm
25號刺繡線（芥末黃・淺褐色）
●原寸紙型請見第84・85頁。

作法

1. 摺出縫褶

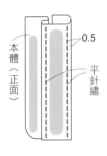

0.5
本體（正面）
平針繡

2. 縫上裝飾鈕扣（作品 42）

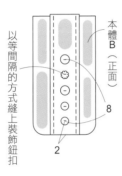

以等間隔的方式縫上裝飾鈕扣
本體B（正面）
8
2

2. 縫上蕾絲（作品 43）

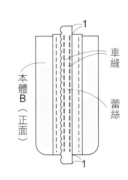

1
本體B（正面）
車縫
蕾絲
1

3. 縫製袋口

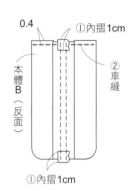

0.4
①內摺1cm
本體B（反面）
②車縫
①內摺1cm

4. 縫上袋蓋

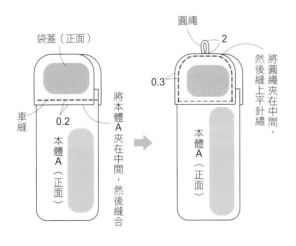

圓繩
袋蓋（正面）
車縫
0.2
本體A（正面）
將本體A夾在中間，然後縫合
2
0.3
將圓繩夾在中間，然後縫上平針繡
本體A（正面）

5. 縫合本體A與本體B

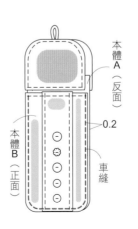

本體A（反面）
本體B（正面）
0.2
車縫

6. 縫上鈕扣

完成圖

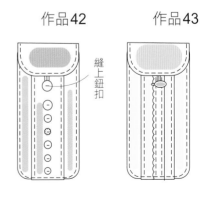

作品42
縫上鈕扣
作品43

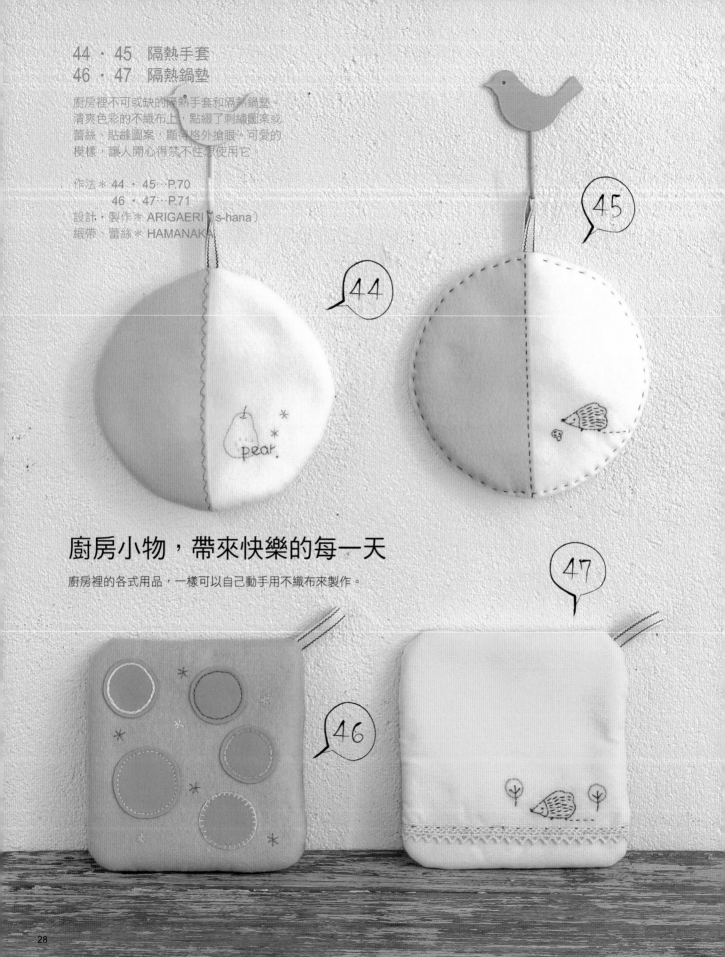

44 · 45　隔熱手套
46 · 47　隔熱鍋墊

廚房裡不可或缺的隔熱手套和隔熱鍋墊。
清爽色彩的不織布上，點綴了刺繡圖案或
蕾絲、貼縫圖案，顯得格外搶眼。可愛的
模樣，讓人開心得禁不住想使用它。

作法＊ 44 · 45⋯P.70
　　　 46 · 47⋯P.71
設計・製作＊ ARIGAERI（s-hana）
緞帶、蕾絲＊ HAMANAKA

廚房小物，帶來快樂的每一天

廚房裡的各式用品，一樣可以自己動手用不織布來製作。

圓錐形的咖啡壺保溫罩，連背面也很可愛。

48

49

48 咖啡壺保溫罩
49 咖啡壺隔熱墊

午後的休憩時光更加快樂與享受的一
咖啡壺。貼縫以蜜蜂為主角的拼布，讓
咖啡壺更可愛。

作法＊48・P72
49・P73
設計・製作＊ARIGAERI（s-hana）
緞帶＊HAMANAKA

50 · 52 　午餐墊
51 · 53 　杯墊

使用兩層不織布，外圍車縫壓縫線。在上面一層不
織布剪出鏤空的湯匙與叉子形狀，讓下層的不織布
顯露在外。下層不織布的顏色，將可改變整個氣
氛，帶來愉快的感覺。

作法＊ P.31
設計・製作＊ ARIGAERI（s-hana）

作品 50・52 材料
不織布A（米白色）厚1mm　30cm×25cm
不織布B（作品50・水藍色　作品52・粉紅色）
　　　　　　厚1mm　30cm×25cm
25號刺繡線（粉紅色・水藍色）

作品 51・53 材料
不織布A（米白色）厚1mm　10cm×10cm
不織布B（作品51・水藍色　作品53・粉紅色）
　　　　　　厚1mm　10cm×10cm
25號刺繡線（粉紅色・水藍色）

作品 50・52 製圖

本體
（不織布A・1片
　不織布B・1片）
平針繡
不織布A
不織布B
23
0.2
30

作品 51・53 製圖

本體
（不織布A・1片
　不織布B・1片）
平針繡
不織布A
不織布B
10
0.2
10

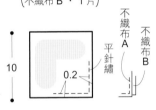

作法

完成圖

②將2片不織布疊在
　一起，縫上平針繡

平針繡

作品 50・52

本體
（不織布A・正面）

③刺繡

本體
（不織布A・正面）
本體
（不織布B・反面）

2.5
2.5

①只將不織布A
　剪出鏤空圖案

不織布A・雙股・水藍色
作品50・雙股・水藍色
作品52・雙股・粉紅色

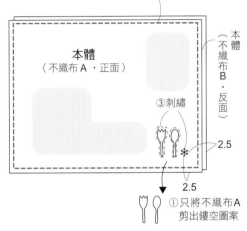

※刺繡部分全部使用25號
　刺繡線・雙股。

原寸圖案

作品 50・52

平針繡
（作品50・粉紅色
　作品52・水藍色）

法式結粒繡
（作品50・粉紅色
　作品52・水藍色）

剪出鏤空圖案

直線繡
（作品50・粉紅色
　作品52・水藍色）

作品53

平針繡（水藍色）

剪出鏤空圖案

直線繡（水藍色）

（粉紅色）

法式結粒繡（水藍色）

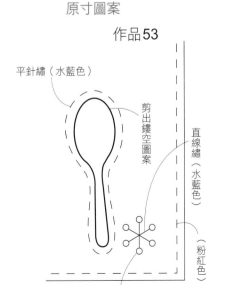

作品51

平針繡（粉紅色）

剪出鏤空圖案

（水藍色）

直線繡（粉紅色）

法式結粒繡（粉紅色）

※所有的布片都以不留縫分的方式裁剪。

午後時光的起居室

使居家生活更快樂、更舒適的小物。
讓起居室裡，充滿喜歡的小用品。

裡層使用紅色的不織布。

小巧收納盒

俏皮的貼縫圖案，附有蓋子的小巧收納
盒，用來收納細小的東西，非常方便。
外層與裡層的不織布間夾有厚紙板，能
維持漂亮的形狀。

作法＊P.33
設計・製作＊Yamato Chihiro

作品 54 材料
不織布A（寶石綠）厚1mm　20cm×15cm
不織布B（紅色）厚1mm　20cm×15cm
不織布C（米黃色）厚1mm　5cm×5cm
不織布D（白色）厚1mm　5cm×5cm
厚紙板　25cm×15cm
25號刺繡線（寶石綠・深褐色・紅色・黃色・白色）
●原寸紙型・圖案請見第86頁。

作品 55 材料
不織布A（橘色）厚1mm　20cm×15cm
不織布B（紅色）厚1mm　20cm×15cm
不織布C（褐色）厚1mm　5cm×5cm
不織布D（米白色）厚1mm　5cm×5cm
不織布E（白色）厚1mm　5cm×5cm
厚紙板　25cm×15cm
25號刺繡線（橘色・深褐色・紅色）
●原寸紙型・圖案請見第86頁。

作品 56 材料
不織布A（米黃色）厚1mm　20cm×15cm
不織布B（紅色）厚1mm　20cm×15cm
不織布C（綠色）厚1mm　5cm×5cm
不織布D（黃綠色）厚1mm　5cm×5cm
不織布E（白色）厚1mm　5cm×5cm
厚紙板　25cm×15cm
25號刺繡線（米黃色・深褐色・白色・綠色）
●原寸紙型・圖案請見第86頁。

盒子的作法

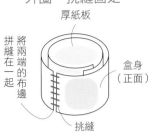

1. 用厚紙板製作底座
重疊1cm
①用釘書機固定
②將釘書針稍微彎曲，使盒身呈現漂亮的圓形

2. 將不織布捲在底座的外圈，挑縫固定
厚紙板
將兩端的布邊拼縫在一起
盒身（正面）
挑縫

3. 將不織布盒底與盒身挑縫在一起，過程中放入厚紙板盒底

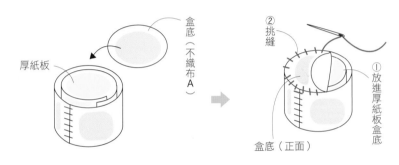

厚紙板
盒底（不織布A）
②挑縫
①放進厚紙板盒底
盒底（正面）

5. 黏上盒身裡層（不織布B）・盒底裡層（不織布B）

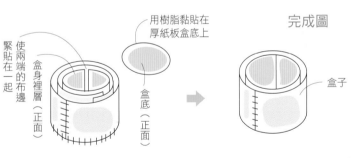

緊貼在兩端的布邊
用樹脂黏貼在厚紙板盒底上
完成圖
盒身裡層（正面）
盒底（正面）
盒子

4. 在厚紙板盒身・盒底的裡側塗上樹脂

樹脂
樹脂

盒蓋的作法

1. 拼貼圖案與刺繡

盒蓋（正面）
①用樹脂黏上拼布圖案
②刺繡

2. 以盒身的製作方法製作盒蓋

完成圖

作品54
盒蓋
盒身
作品55
作品56

※所有的布片都以不留縫分的方式裁剪。

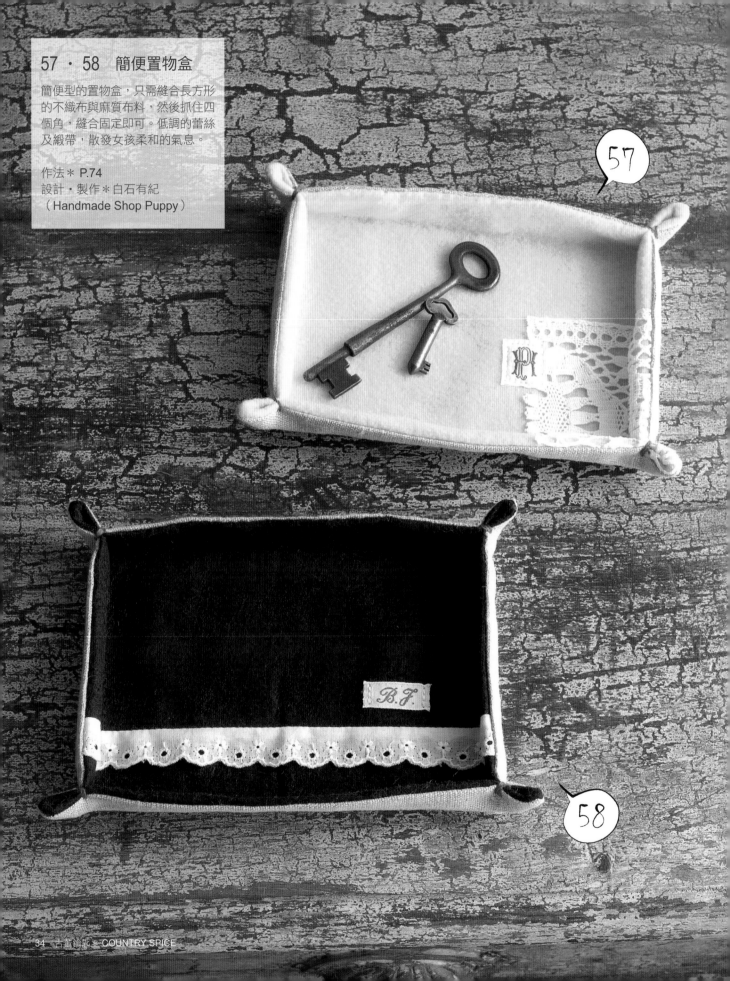

57 · 58 簡便置物盒

簡便型的置物盒，只需縫合長方形
的不織布與麻質布料，然後抓住四
個角，縫合固定即可。低調的蕾絲
及緞帶，散發女孩柔和的氣息。

作法＊ P.74
設計・製作＊白石有紀
（Handmade Shop Puppy）

59 · 60 室內鞋

附有扣帶的室內鞋,走起來
很舒服。鞋面的部分還有拼
縫圖案,讓你從腳底暖和到
全身。

作法＊P.76
設計·製作＊西村明子

利用市售現成的絨球當做點綴。

61・62 抱枕

讓人禁不住想緊抱的抱枕，葫蘆的
造型俏皮又特殊。抱枕上四種顏色
的組合，可隨著面的不同而呈現不
同的風情。

作法＊P.37
設計・製作＊三社晴美

作品 61 ‧ 62 材料（一個的材料）

不織布A（作品61‧寶石綠　作品62‧粉紅色）厚2mm　35cm×15cm
不織布B（作品61‧紫色　作品62‧黃色）厚2mm　35cm×15cm
不織布C（作品61‧綠色　作品62‧深褐色）厚2mm　35cm×15cm
不織布D（作品61‧米白色　作品62‧豆沙色）厚2mm　35cm×15cm
不織布絨球　直徑2cm 2個
手工藝棉約250g

作法

1.縫合本體

①車縫　②剪出牙口

縫至記號線為止

本體（反面）

縫至記號線為止

本體（正面）

※其它的兩片同樣縫合

本體（反面）　①車縫　②剪出牙口

本體（反面）　①車縫

保留返口不縫　②剪出牙口

2.翻回正面，填充手工藝棉後，
　返口挑縫縫合

手工藝棉

翻至正面

返口挑縫

本體（正面）

3.在兩脇縫上絨球

完成圖

以挑縫方式縫上絨球

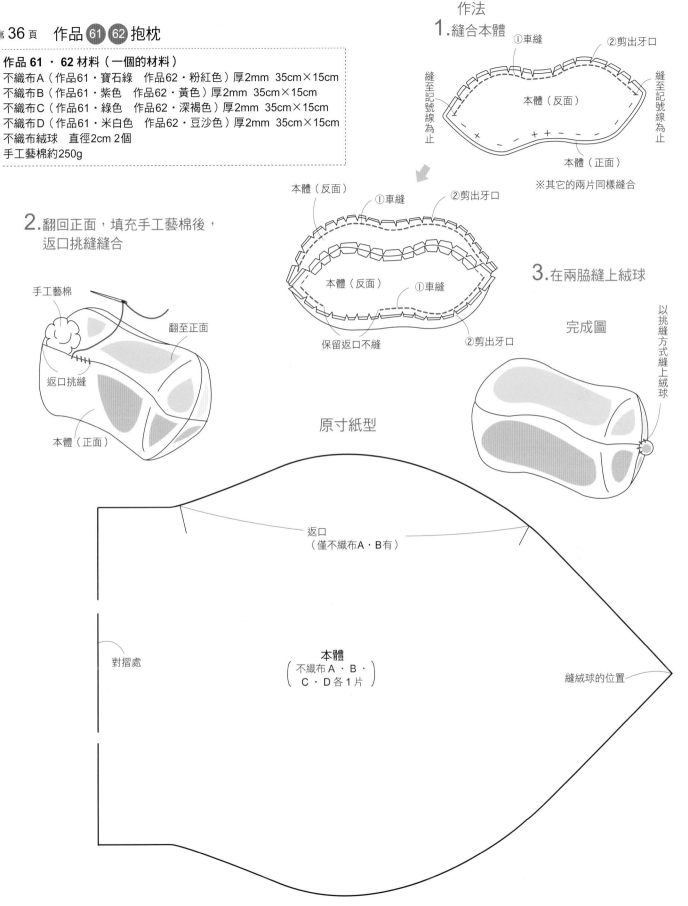

原寸紙型

返口
（僅不織布A‧B有）

對摺處

本體
（不織布A‧B‧
　C‧D各1片）

縫絨球的位置

※原寸紙型未包含縫分，請加上 1cm 的縫分之後再裁剪布料。

63　手工藝用品收納籃
64　小剪刀套
65　針插
66　捲尺套

手工藝用品專用的小物，一定也要用手工做的。用來收納手工藝用品的籃子裡，還有用來放置線捲的口袋，非常方便。搭配成套的各式作品上，還有同款的刺繡圖案，可愛極了。

作法＊ 63…P.78
　　　　 64 ・ 66…P.82
　　　　 65…P.75
設計・製作＊ Kanamaru Kahori
真皮提把＊ HAMANAKA

67~69 　針插

草莓、杉樹、鴿子三款立體
造型的可愛針插，可以當作
手作的吉祥物。

作法＊ 67 ・ 68…P.80
　　　　 69…P.81
設計・製作＊ yukimi

70　編織工具收納袋

編織工具收納袋可以用來把編織工具整齊收納在一起。裡面有放置鉤針、直尺的袋子，另外有毛線針專用的針插，全都可以整齊收好。上方還有袋蓋，能避免工具掉出來。

作法＊P.41
設計・製作＊Kanamaru Kahori
緞帶＊HAMANAKA

作品 70 材料

不織布A（灰色）厚1mm　40cm×30cm
不織布B（水藍色）厚1mm　20cm×30cm
不織布C（白色）厚1mm　5cm×10cm
織帶　寬1cm長70cm
25號刺繡線（灰色‧藍色）

作法

1. 在本體表布繡上圖案

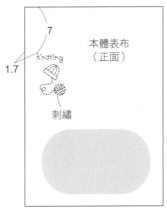

7
1.7
Knitting
刺繡
本體表布
（正面）

2. 在本體裡布縫上口袋

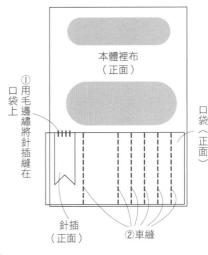

本體裡布
（正面）

① 用毛邊繡將針插縫在口袋上
口袋（正面）

針插（正面）
② 車縫

3. 縫合本體表布‧本體裡布‧袋蓋

將3片布用毛邊繡縫在一起

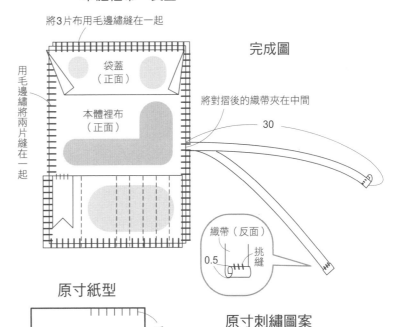

袋蓋（正面）
本體裡布（正面）
用毛邊繡將兩片縫在一起

完成圖

將對摺後的織帶夾在中間
30

織帶（反面）
挑縫
0.5

製圖

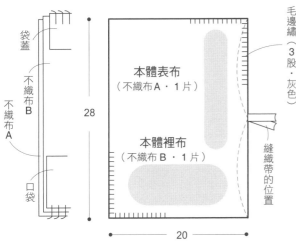

袋蓋
不織布B
不織布A
口袋

本體表布（不織布A‧1片）
本體裡布（不織布B‧1片）

28
20

毛邊繡（3股‧灰色）
縫織帶的位置

袋蓋（不織布A‧1片）

6
毛邊繡（3股‧灰色）

5　5　2　2　2　2　2
10
20

口袋（不織布A‧1片）

原寸紙型

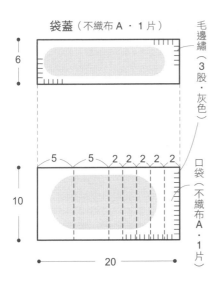

針插（不織布C‧1片）
毛邊繡（3股‧灰色）

原寸刺繡圖案

Knitting

回針繡（雙股‧藍色）

※製圖未包含縫分。所有的布片都以不留縫分的方式裁剪。

作品 **2** 材料（包含胸針的材料）
不織布A（淺灰色）厚2mm　50cm×80cm
不織布B（土耳其藍）厚2mm　25cm×30cm
不織布C（火紅色）厚1mm　15cm×15cm
波浪形織帶　寬1cm 長45cm
簡針　1個
25號刺繡線（藍灰色・橘色・紅色）
●袋底需另外製圖。胸針的原寸紙型・作法請見第49頁。

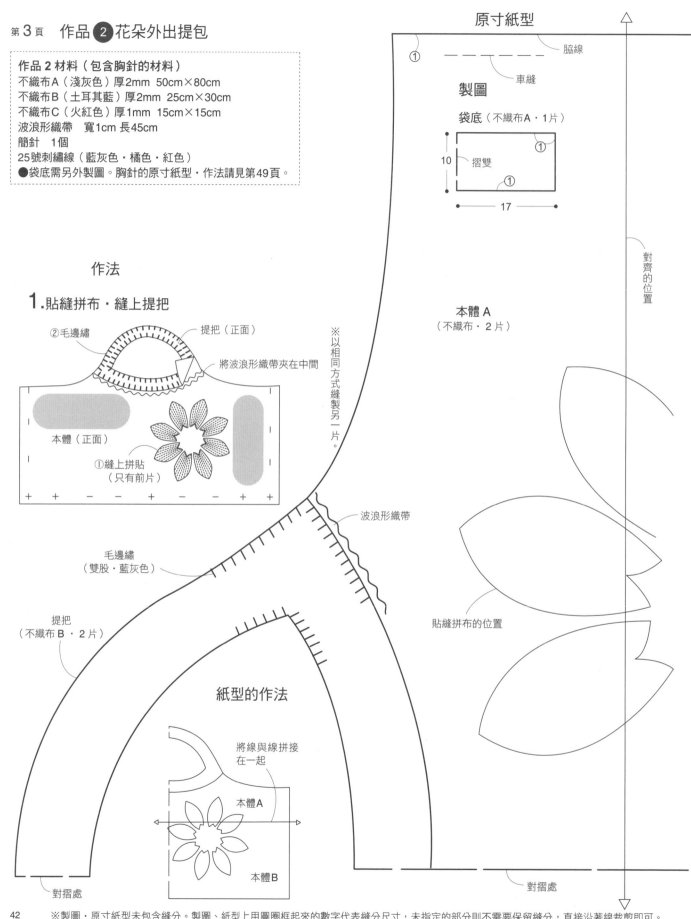

作法

1. 貼縫拼布・縫上提把

②毛邊繡

提把（正面）

將波浪形織帶夾在中間

本體（正面）

①縫上拼貼（只有前片）

※以相同方式縫製另一片。

原寸紙型

脇線

車縫

製圖

袋底（不織布A・1片）

10

摺雙

17

本體 A
（不織布・2片）

對齊的位置

波浪形織帶

毛邊繡
（雙股・藍灰色）

提把
（不織布B・2片）

貼縫拼布的位置

紙型的作法

將線與線拼接在一起

本體A

本體B

對摺處

對摺處

　※製圖・原寸紙型未包含縫分。製圖、紙型上用圓圈框起來的數字代表縫分尺寸，未指定的部分則不需要保留縫分，直接沿著線裁剪即可。

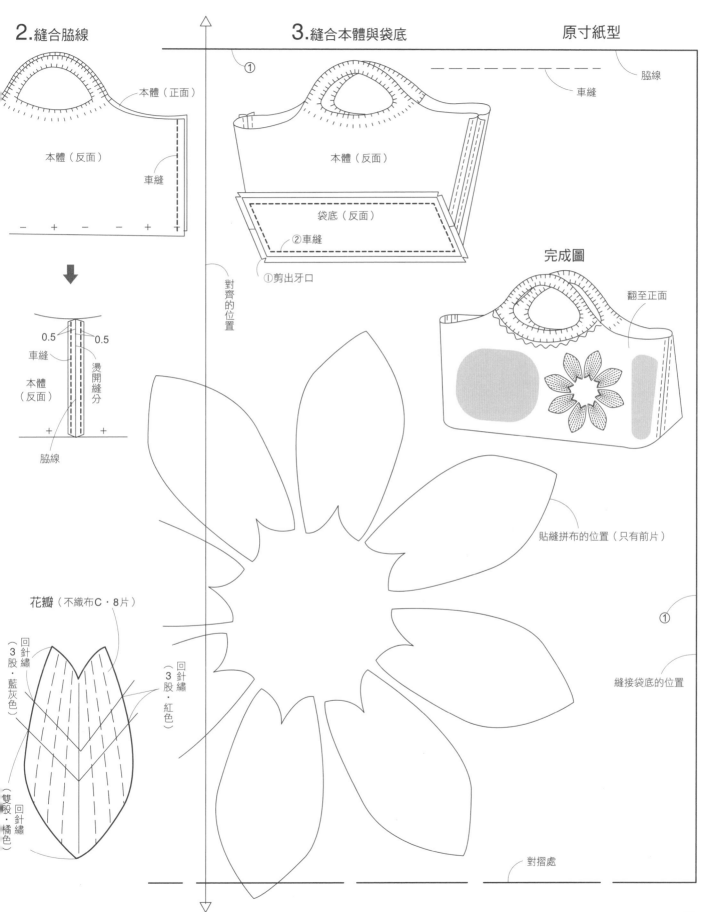

2.縫合脇線

本體（正面）

本體（反面）

車縫

0.5　0.5

車縫

本體
（反面）

燙開縫分

脇線

3.縫合本體與袋底

①

本體（反面）

袋底（反面）

②車縫

①剪出牙口

對齊的位置

原寸紙型

脇線

車縫

完成圖

翻至正面

貼縫拼布的位置（只有前片）

①

縫接袋底的位置

對摺處

花瓣（不織布C・8片）

回針繡（3股・藍灰色）

回針繡（3股・紅色）

回針繡（雙股・橘色）

※原寸紙型未包含縫分。紙型上用圓圈框起來的數字代表縫分尺寸，未指定的部分則不需要保留縫分，直接沿著線裁剪即可。

作品 3 材料（包含胸針的材料）
不織布A（黑色）厚1mm 40cm×80cm
A布（棉質・大格紋）寬80cm長45cm
蕾絲　寬2.5cm長10cm
包扣　1.8cm 1個
簡針　1個
磁鐵扣　1組
●胸針的原寸紙型請見第85頁。

製圖

袋口布（不織布・2片　A布・2片）

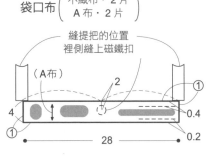

縫提把的位置
裡側縫上磁鐵扣

（A布）

2

①

4

①

0.4

0.2

28

針趾幅度＝0.2cm

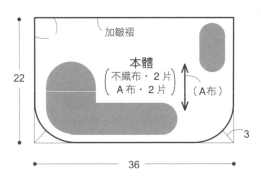

不織布

A布

不織布

提把（不織布・1片）

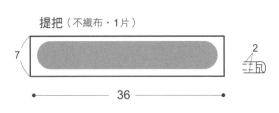

7

2

36

加皺褶

本體
（不織布・2片　A布・2片）

（A布）

22

3

36

作法

1.在本體做出皺褶

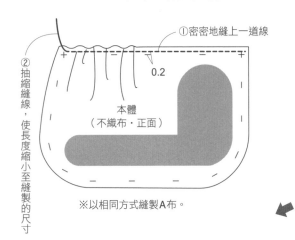

②抽縮縫線，使長度縮小至縫製的尺寸

①密密地縫上一道線

0.2

本體
（不織布・正面）

※以相同方式縫製A布。

2.縫合本體與袋口布

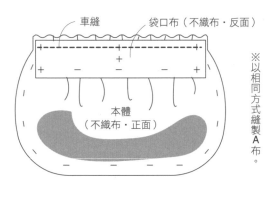

車縫

袋口布（不織布・反面）

本體
（不織布・正面）

※以相同方式縫製A布。

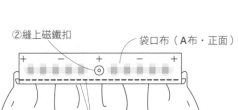

袋口布（不織布・正面）

車縫0.2 cm

本體
（不織布・正面）

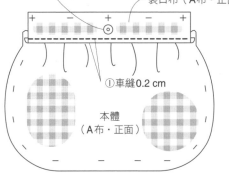

②縫上磁鐵扣

袋口布（A布・正面）

①車縫0.2 cm

本體
（A布・正面）

3.縫製提把

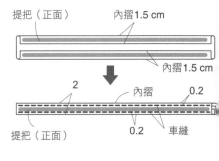

提把（正面）

內摺1.5 cm

內摺1.5 cm

2

內摺

0.2

提把（正面）

0.2

車縫

※製圖未包含縫分。製圖上用圓圈框起來的數字代表縫分尺寸，未指定的部分則不需要保留縫分，直接沿著線裁剪即可。

4.縫接本體

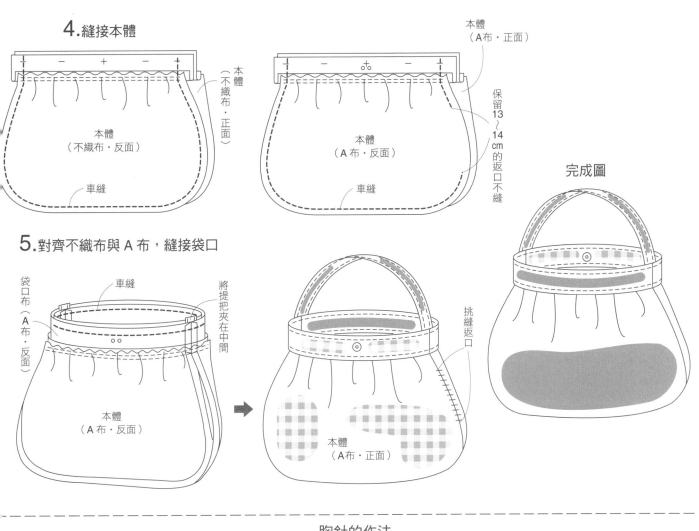

本體
（A布‧正面）

本體
（不織布‧正面）

本體
（不織布‧反面）

車縫

本體
（A布‧反面）

保留13～14cm的返口不縫

車縫

完成圖

5.對齊不織布與A布，縫接袋口

袋口布
（A布‧反面）

車縫

將提把夾在中間

本體
（A布‧反面）

挑縫返口

本體
（A布‧正面）

胸針的作法

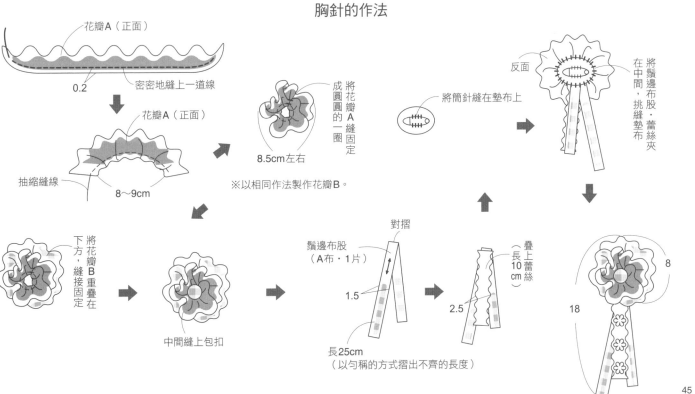

花瓣A（正面）

0.2

密密地縫上一道線

花瓣A（正面）

抽縮縫線

8～9cm

將花瓣A縫固定成圓圓的一圈

8.5cm左右

※以相同作法製作花瓣B。

將花瓣B重疊在下方，縫接固定

中間縫上包扣

鬚邊布股
（A布‧1片）

對摺

1.5

長25cm
（以勻稱的方式摺出不齊的長度）

2.5

疊上蕾絲
（長10cm）

將簡針縫在墊布上

反面

將鬚邊布股‧蕾絲夾在中間，挑縫墊布

8

18

作品 **1** 材料

不織布A（深褐色）厚2mm　35cm×65cm
不織布B（米白色）厚2mm　20cm×20cm
不織布C（淺褐色）厚1mm　10cm×10cm
皮革提把（寬1.5cm長40cm）1組
25號刺繡線（薄荷綠・褐色）

作法

1. 縫製口袋

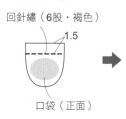

回針繡（6股・褐色）

1.5

口袋（正面）

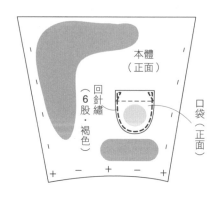

本體（正面）

回針繡（6股・褐色）

口袋（正面）

製圖

提把（皮革提把2條）

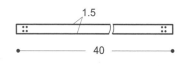

1.5

40

本體（不織布・2片）

縫提把的位置

15

7

0.8

3.5

28

①

1.5　7

1.5　7.5

13.5

1.5

口袋（不織布C・1片）

①

①

0.7

20.4(Ø/2)

袋底（不織布B・1片）

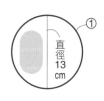

①

直徑13cm

2. 縫合脇線

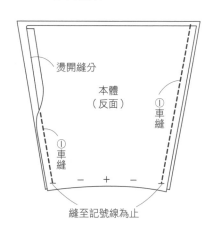

燙開縫分

本體（反面）

①車縫

①車縫

縫至記號線為止

3. 縫合本體與袋底

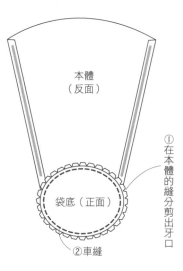

本體（反面）

①在本體的縫分剪出牙口

袋底（正面）

②車縫

4. 縫製袋口、縫上提把

完成圖

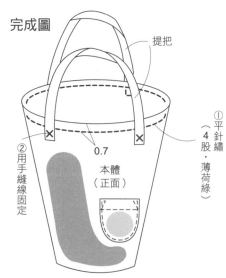

提把

交叉3～4次

②用手縫線固定

提把

②用手縫線固定

0.7

本體（正面）

①平針繡（4股・薄荷綠）

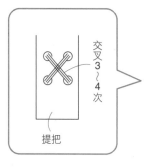

※製圖未包含縫分。製圖上用圓圈框起來的數字代表縫分尺寸，未指定的部分則不需要保留縫分，直接沿著線裁剪即可。

作品 4 材料
不織布A（深藍色）厚2mm　30cm×40cm
不織布B（淺黃色）厚2mm　30cm×20cm
滾邊用的斜布條　寬1cm長60cm
25號刺繡線（米色・黃色）
●原寸紙型請見第84頁。

作品 5 材料
不織布A（深綠色）厚2mm　30cm×50cm
不織布B（茶綠色）厚2mm　30cm×15cm
不織布C（淺褐色）厚2mm　25cm×5cm
滾邊用的斜布條　寬1cm長60cm
25號刺繡線（深褐色）
●原寸紙型請見第84・85頁。

作品 5 的作法

1.縫出尖褶

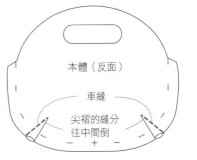

本體（反面）

車縫

尖褶的縫分
往中間倒

－　＋

※口袋部分也一樣縫出尖褶（縫分倒向本體尖褶相反的方向）。

4.用斜布條滾邊

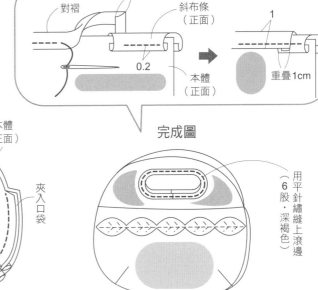

內摺1cm
對摺
斜布條
（正面）

0.2

本體
（正面）

1
重疊1cm

2.將拼布貼縫在口袋上

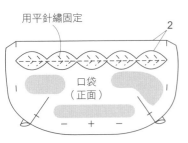

用平針繡固定

2

口袋
（正面）

－　＋　－

3.縫合本體

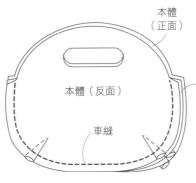

本體
（正面）

本體（反面）

夾入口袋

車縫

完成圖

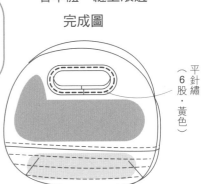

用平針繡縫上滾邊
（6股・深褐色）

作品 4 的作法

1.縫製拼接布

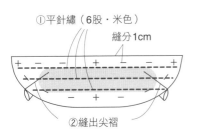

①平針繡（6股・米色）
縫分1cm

＋　－　＋　－　＋

②縫出尖褶

※尖褶的縫法請參照作品5的作法。

2.縫合本體與拼接布

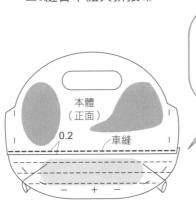

本體
（正面）

縫分
1
cm

布邊

0.2

車縫

－　＋　－

3.以作品5相同方式縫合本體、縫上滾邊

完成圖

平針繡
（6股・黃色）

作法

作品 6 材料
不織布A（褐色）厚1mm　40cm×80cm
不織布B（水藍色）厚1mm　40cm×65cm
棉質織帶　寬1.8cm 長15cm

1.縫合檔邊

檔邊
（不織布A · 正面）

檔邊（不織布A · 反面）

車縫

※以相同方式縫製不織布B。

製圖

標籤
（不織布A · 1片）

1.2　1.2
9　0.6　0.6
3　裁切

提把
（不織布A · 1片）

14

37

0.9　1
0.9　1.2
6

2.不織布 B 上車縫壓縫線

以個人喜好的寬度，車縫壓縫線（褐色 · 車縫線）

本體（不織布B · 正面）

燙開縫分

本體（不織布B · 正面）

以個人喜好的寬度，車縫壓縫線（白色 · 車縫線）

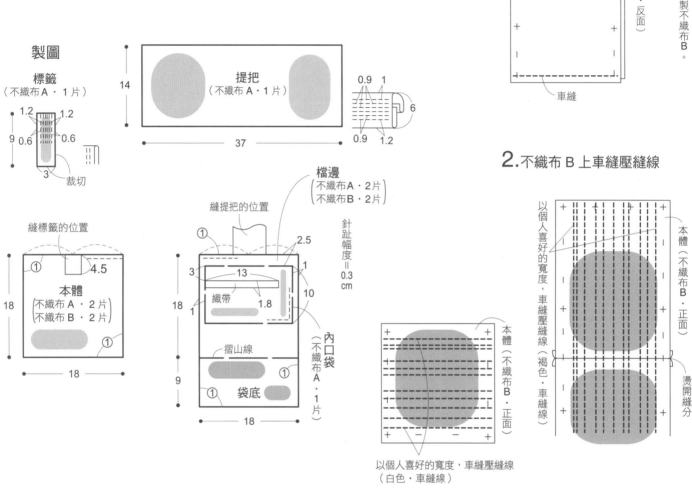

縫標籤的位置

① 4.5

本體
（不織布A · 2片）
（不織布B · 2片）

18

18

縫提把的位置

檔邊
（不織布A · 2片）
（不織布B · 2片）

2.5

3　13　1

織帶　1.8

摺山線

①　袋底　18

9

內口袋
（不織布A · 1片）

10

針趾幅度＝0.3 cm

3.縫製、縫上內口袋

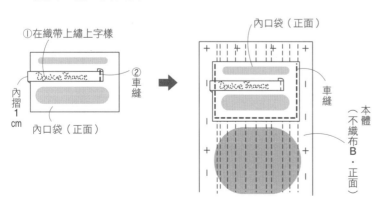

①在織帶上繡上字樣
②車縫

內摺1cm

內口袋（正面）

內口袋（正面）

車縫

本體（不織布B · 正面）

4.縫合本體與檔邊

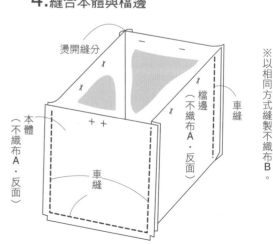

燙開縫分

本體（不織布A · 反面）

車縫

檔邊（不織布A · 反面）

車縫

※以相同方式縫製不織布B。

※製圖未包含縫分。製圖上用圓圈框起來的數字代表縫分尺寸，未指定的部分則不需要保留縫分，直接沿著線裁剪即可。

5.縫製提把

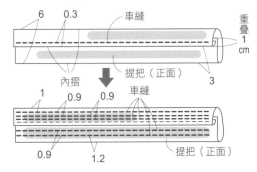

6　0.3　車縫　重疊1cm

內摺　提把（正面）　3

1　0.9　0.9　車縫

0.9　1.2　提把（正面）

6.將不織布 B 套入不織布 A 裡，縫合袋口部分

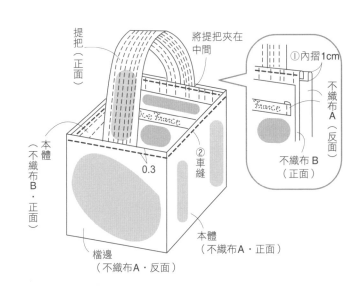

提把（正面）　將提把夾在中間

①內摺1cm

不織布A（反面）

本體（不織布B·正面）

②車縫

不織布B（正面）

0.3

本體（不織布A·正面）

檔邊（不織布A·反面）

7.縫製、縫上標籤

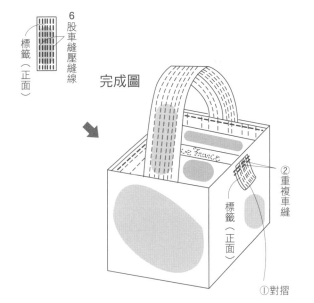

6股車縫壓縫線

標籤（正面）

完成圖

標籤（正面）

②重複車縫

①對摺

原寸刺繡圖案

織帶

Douce France

回針繡（車縫線·單股·黑色）

第 3 頁作品 2 的作法

原寸紙型

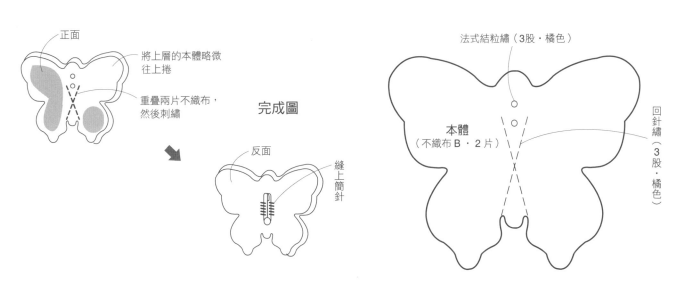

正面

將上層的本體略微往上捲

重疊兩片不織布，然後刺繡

完成圖

反面

縫上簡針

法式結粒繡（3股·橘色）

本體（不織布B·2片）

回針繡（3股·橘色）

※原寸紙型未包含縫分。未指定的部分則不需要保留縫分，直接沿著線裁剪即可。

作品 7 材料
不織布A（白色）厚1mm　35cm×45cm
不織布B（粉綠色）厚1mm　40cm×45cm
不織布C（紅色）厚1mm　30cm×45cm
A布（麻質）寬20cm 長10cm
B布（麻質）寬40cm 長5cm
織帶　寬1cm長10cm
25號刺繡線（紅色・粉綠色）
麻線
標籤（1.5cm×2cm）1片
●本體表布・袋蓋・袋蓋的側面・袋蓋頂層的原寸
　紙型請見第52頁。
●本體裡布・袋底裡布的原寸紙型請見第81頁。

作法

1. 縫出本體的尖褶

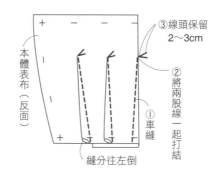

2. 縫合本體的脇線

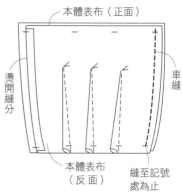

3. 在拼布繡上字樣，然後將拼布貼縫在本體上

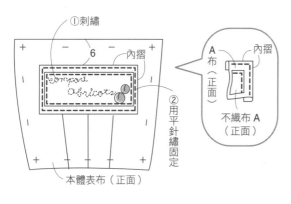

4. 縫合本體表布與袋底表布

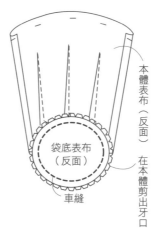

5. 縫合本體裡布的脇線，將本體裡布與袋底裡布縫合

6. 縫製袋蓋

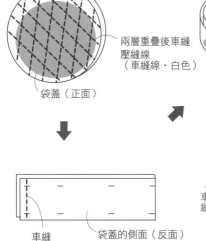

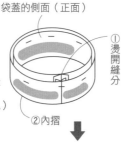

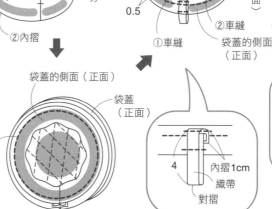

7. 製作布條

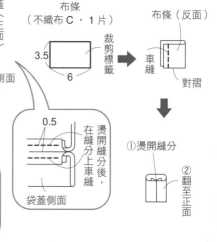

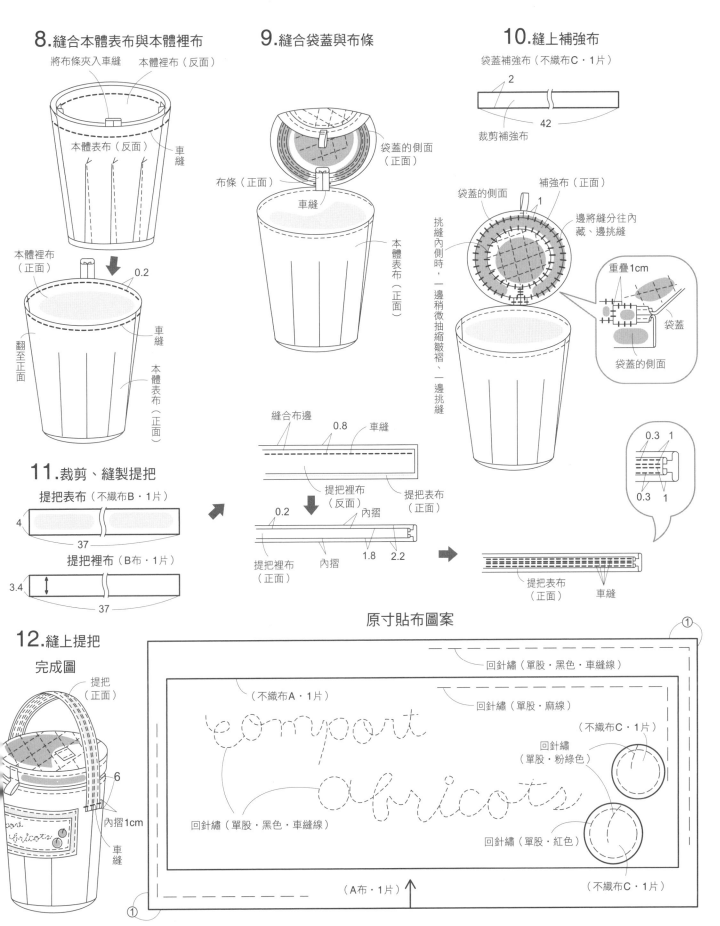

8. 縫合本體表布與本體裡布

將布條夾入車縫　本體裡布（反面）
本體表布（反面）　車縫
本體裡布（正面）　0.2
翻至正面　車縫　本體表布（正面）

9. 縫合袋蓋與布條

袋蓋的側面（正面）
布條（正面）　車縫
本體表布（正面）

縫合布邊　0.8　車縫
提把裡布（反面）　提把表布（正面）
0.2　內摺　內摺　1.8　2.2
提把裡布（正面）　內摺
提把表布（正面）　車縫

10. 縫上補強布

袋蓋補強布（不織布C・1片）
2　42
裁剪補強布

袋蓋的側面　補強布（正面）　1
挑縫內側時，一邊稍微抽縮皺褶、一邊挑縫
邊將縫分往內藏、邊挑縫
重疊1cm　袋蓋
袋蓋的側面

0.3　1
0.3　1

11. 裁剪、縫製提把

提把表布（不織布B・1片）
4　37
提把裡布（B布・1片）
3.4　37

12. 縫上提把

完成圖
提把（正面）
6
內摺1cm　車縫

原寸貼布圖案

回針繡（單股・黑色・車縫線）
（不織布A・1片）
回針繡（單股・麻線）
（不織布C・1片）
回針繡（單股・粉綠色）
回針繡（單股・黑色・車縫線）
回針繡（單股・紅色）
（不織布C・1片）
（A布・1片）

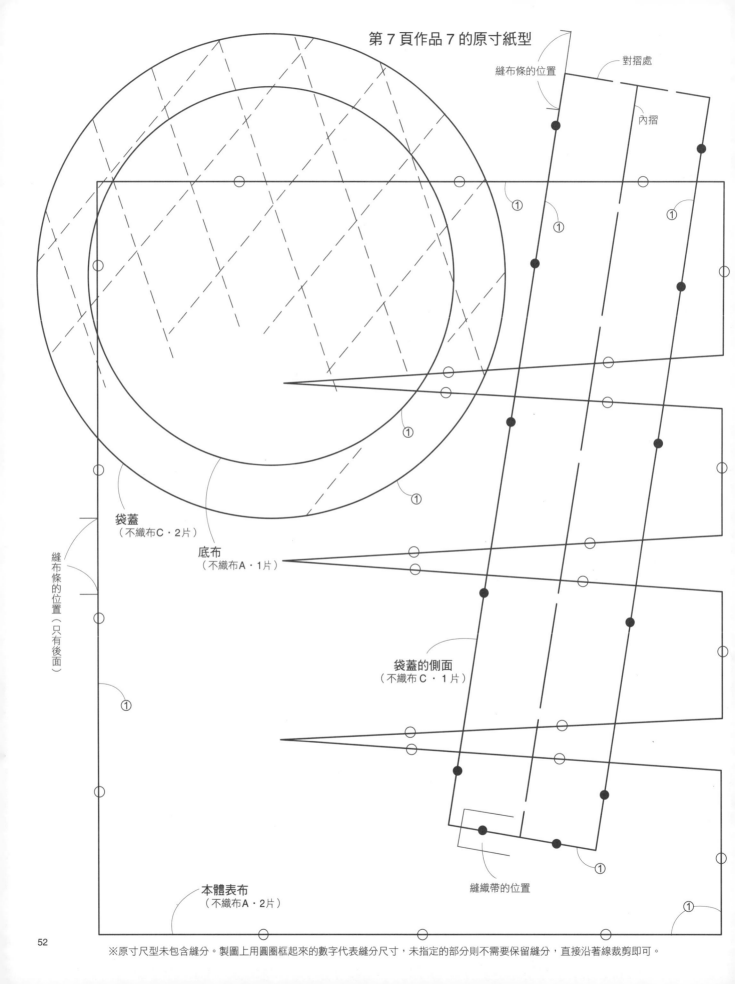

第 7 頁作品 7 的原寸紙型

縫布條的位置

對摺處

內摺

袋蓋
（不織布C・2片）

底布
（不織布A・1片）

縫布條的位置（只有後面）

袋蓋的側面
（不織布C・1片）

本體表布
（不織布A・2片）

縫織帶的位置

※原寸尺型未包含縫分。製圖上用圓圈框起來的數字代表縫分尺寸，未指定的部分則不需要保留縫分，直接沿著線裁剪即可。

作品 10 11 蝴蝶結小巧包

作品 10 · 11 材料（一個的材料）

不織布A（作品10·薄荷綠 作品11·粉紅色）
　　　　　　　　　　厚1mm　40cm×20cm

羅緞緞帶　寬1cm長30cm

暗扣　1組

作法

1.對齊本體 A · B，縫合外圍

袋蓋

本體A（反面）

本體B（正面）

車縫

2.縫上暗扣

暗扣（凸）

暗扣（凹）

3.縫上緞帶

緞帶

挑縫

0.3

15

袋蓋

本體A（正面）

1.5

15

完成圖

0.5

原寸紙型

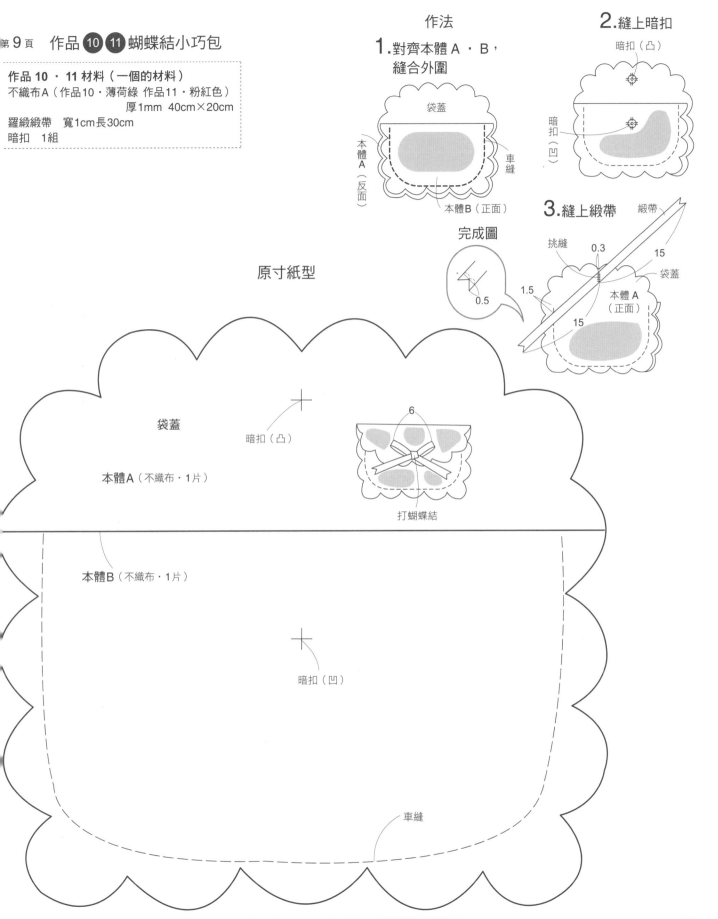

袋蓋

暗扣（凸）

本體A（不織布·1片）

本體B（不織布·1片）

暗扣（凹）

6

打蝴蝶結

車縫

※原寸紙型未包含縫分，未指定的部分不需要保留縫分，直接沿著線裁剪即可。

製圖

作品 8 材料
不織布A（白色）厚1mm 40cm×25cm
不織布B（綠色）厚1mm 20cm×15cm
不織布C（黑色）厚1mm 25cm×10cm
麻質織帶　寬0.8cm 長1m10cm
飾品　大小1.2cm 1個
暗扣　1組

作品 9 材料
不織布A（白色）厚1mm 20cm×20cm
不織布B（藍色）厚1mm 40cm×25cm
不織布C（紅色）厚1mm 25cm×10cm
麻質織帶　寬0.8cm 長30cm
鈕扣　直徑2cm 1個
暗扣　1組

上列＝作品8
下列＝作品9
※只有一個數字是
共通的尺寸。

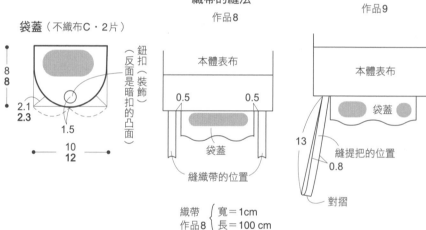

本體表布

暗扣（凸）　3.5
（不織布A・1片）
4.5
6.5
① ①
9.5
11.5
1.5 2
2 1.5
2
1.5 1.5
2 2
（不織布B・1片）
9.5
11.5
2.5 2
（不織布A・1片）
2.5 2
縫袋蓋的位置
15 16

本體裡布

（作品8・不織布A・1片）
（作品9・不織布B・1片）
①
1.5 2
1.5 2
1.5 2
1.5 2
15 16

織帶的縫法

作品8　　　　　作品9

袋蓋（不織布C・2片）

8 8
2.1 2.3
1.5
10 12

鈕扣（裝飾）
（反面是暗扣的凸面）

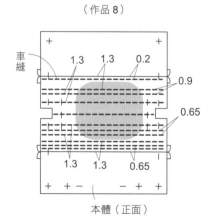

作品8
本體表布
0.5　0.5
袋蓋
縫織帶的位置

織帶 ｛ 寬＝1cm
作品8 ｛ 長＝100cm

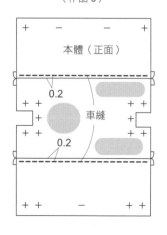

作品9
本體表布
袋蓋
13
0.8
縫提把的位置
對摺

作法

1. 縫接本體表布的拼接線

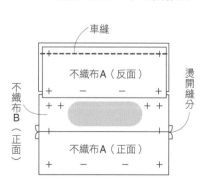

車縫
不織布A（反面）
燙開縫分
不織布B（正面）
不織布A（正面）

2. 車縫壓縫線
（作品8）

車縫
1.3 1.3 0.2
0.9
0.65
1.3 1.3 0.65
本體（正面）

2. 車縫壓縫線
（作品9）

本體（正面）
0.2
車縫
0.2

※製圖未包含縫分。製圖上用圓圈框起來的數字代表縫分尺寸，未指定的部分則不需要保留縫分，直接沿著線裁剪即可。

3. 縫製袋蓋

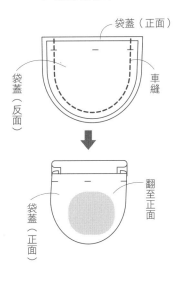

袋蓋（正面）
袋蓋（反面）
車縫
翻至正面
袋蓋（正面）

4. 對齊本體表布與本體裡布，縫合袋口

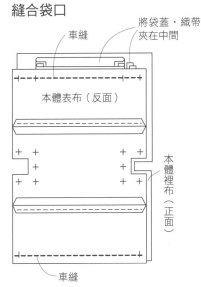

車縫
將袋蓋・織帶夾在中間
本體表布（反面）
本體裡布（正面）
車縫

5. 縫合本體表布・本體裡布的脇線

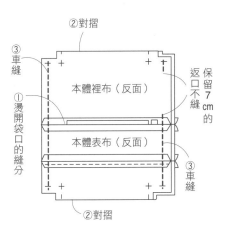

②對摺
③車縫
①燙開袋口的縫分
本體裡布（反面）
本體表布（反面）
返口保留 7 cm 的不縫
③車縫
②對摺

6. 縫出本體表布與本體裡布的檔邊

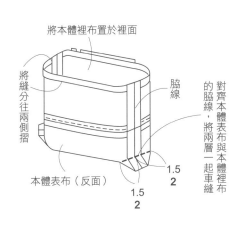

將本體裡布置於裡面
將縫分往兩側摺
脇線
對齊本體表布與本體裡布的脇線，將兩層一起車縫
本體表布（反面）
1.5
2
1.5
2

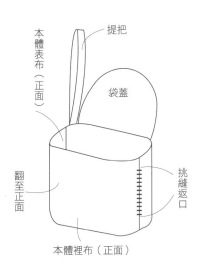

本體表布（正面）
提把
袋蓋
翻至正面
挑縫返口
本體裡布（正面）

7. 縫上暗扣

暗扣

8. 縫上裝飾鈕扣・飾品

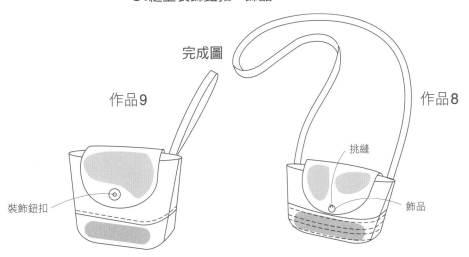

完成圖

作品9
裝飾鈕扣

作品8
挑縫
飾品

作品14

作品 14 · 15 材料（一個的材料）
不織布（作品14·白色 作品15·黑色）厚1mm 25cm×40cm
蕾絲（僅作品14有）寬2.8cm長45cm
棉布蕾絲（僅作品15有）寬2cm長55cm
麻繩　粗0.15cm長1m40cm
吊飾（僅作品14有）大小3cm　1個
蕾絲貼片（僅作品15有）1片

製圖

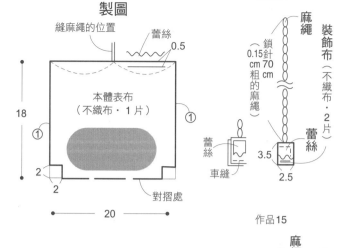

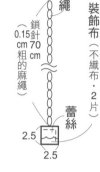

作品15

作法

1. 縫上蕾絲
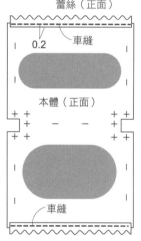

2. 縫合脇線
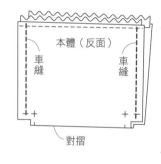

3. 縫製檔邊
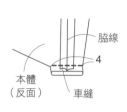

4. 以鎖針的方式編織麻繩，製作麻繩
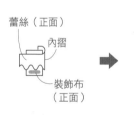

5. 縫上麻繩
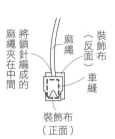

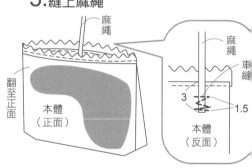

6. 縫上飾品

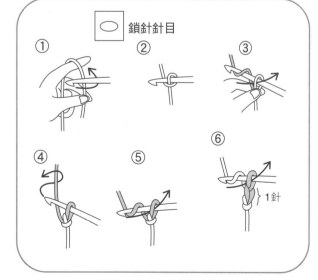

完成圖

作品14

作品15

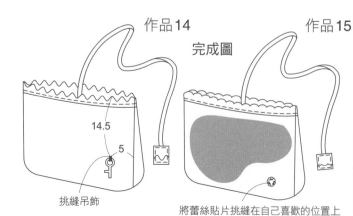

※製圖未包含縫分。製圖上用圓圈框起來的數字代表縫分尺寸，未指定的部分則不需要保留縫分，直接沿著線裁剪即可。

作品 17 材料

不織布A（茶綠色）厚1mm　40cm×35cm
不織布B（深褐色）厚1mm　30cm×30cm
圓繩　粗0.3cm長10cm
鈕扣　直徑2cm 1個
25號刺繡線（粉紅色）

製圖
（不織布A・1片）

縫圓繩的位置
平針繡

本體A
（不織布A・1片）

8
Ⓞ
2.75

本體B
（不織布B・1片）

2.75

縫口袋的位置

30

4.5　1.8

① ① ①

☆＝3

17.5　　17.5

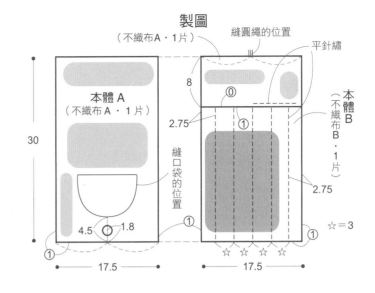

作法

1.在口袋與本體B上繡上線條

本體B（正面）
口袋（正面）
平針繡（6股・粉紅色）

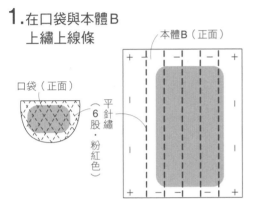

2.縫上口袋

本體A（正面）
口袋（正面）
車縫

3.縫合拼接線

8　布邊
以平針繡縫合（6股・粉紅色）
重疊1cm
本體B（正面）

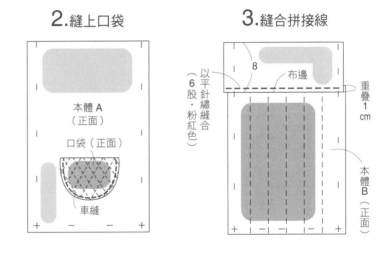

4.縫合本體A與本體B

本體A（反面）
本體B（正面）
車縫

5.縫上圓繩・鈕扣

圓繩
4　2.5
①縫上固定
翻至正面

完成圖

本體A（正面）
②縫上鈕扣

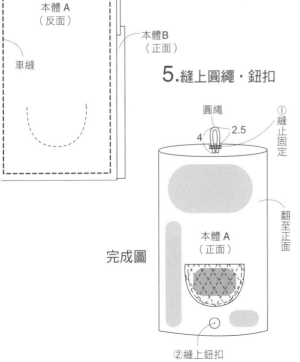

口袋的原寸紙型

口袋（不織布B・1片）
平針繡（6股・粉紅色）
車縫

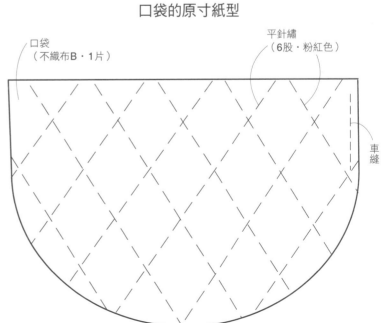

※製圖、原寸紙型未包含縫分。製圖、紙型上用圓圈框起來的數字代表縫分尺寸，未指定的部分則不需要保留縫分，直接沿著線裁剪即可。

作品 16 材料
不織布A（淺褐色）厚1mm　20cm×20cm
不織布B（深褐色）厚1mm　20cm×20cm
拉鏈　長9cm 1條
25號刺繡線（米黃色）

作法

1.在本體A繡上圖案

本體A
（正面）

繡上圖案

2.在本體B縫上拉鏈

剪下

本體B
（正面）

拉鏈

車縫

本體B
（正面）

原寸紙型

拉鏈　　剪下（只有本體B）

車縫

本體A（不織布A・1片）
本體B（不織布B・1片）

車縫

回針繡
（6股・米黃色）

3.縫合本體A與
本體B

完成圖

本體B
（反面）

車縫

本體A
（正面）

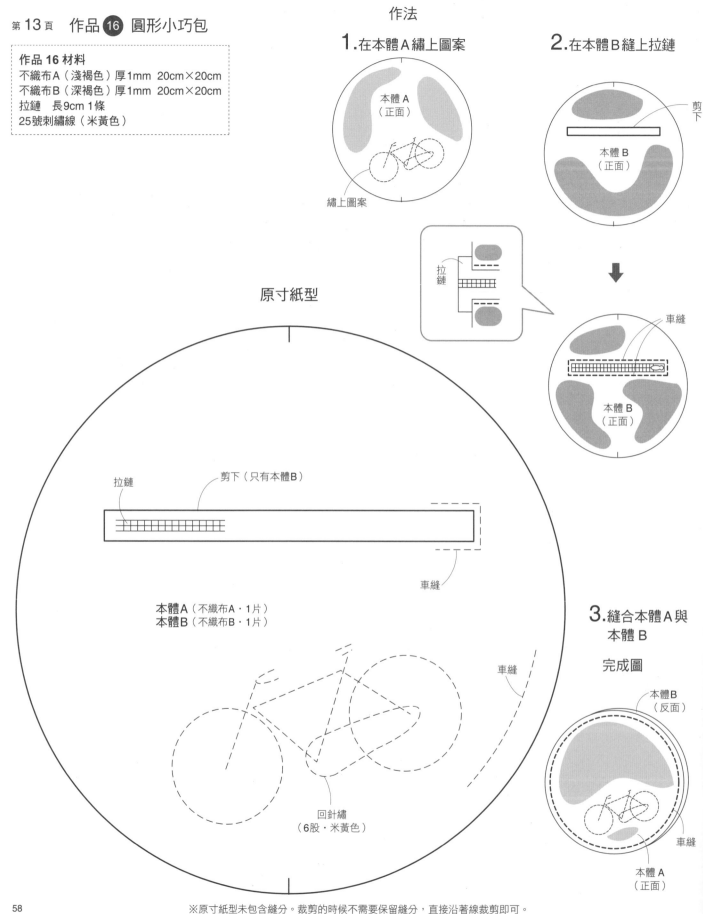

　　　　※原寸紙型未包含縫分。裁剪的時候不需要保留縫分，直接沿著線裁剪即可。

16頁 作品 24 名片夾

作品 24 材料

不織布A（桃紅色）厚2mm 10cm×10cm
不織布B（芥末黃）厚2mm 10cm×10cm
不織布C（深褐色）厚2mm 10cm×10cm
5號刺繡線（粉紅色）

作法　　　　　完成圖

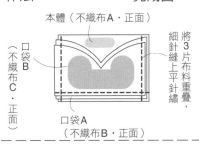

本體（不織布A · 正面）
口袋B（不織布C · 正面）
口袋A（不織布B · 正面）
將3片布料重疊，細針縫上平針繡

原寸紙型

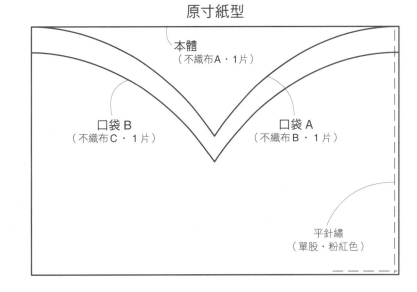

本體
（不織布A · 1片）

口袋B
（不織布C · 1片）

口袋A
（不織布B · 1片）

平針繡
（單股 · 粉紅色）

16頁 作品 22 存摺包

作品 22 材料

不織布A（桃紅色）厚2mm 20cm×15cm
不織布B（芥末黃）厚2mm 15cm×10cm
不織布C（深褐色）厚2mm 15cm×10cm
繩子　寬0.2cm 長10cm
鈕扣　直徑2cm 1個
5號刺繡線（粉紅色）

轉角部位的平針繡縫法

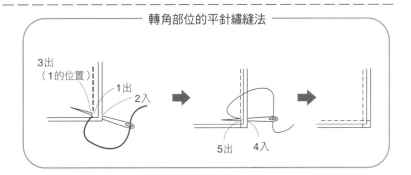

3出（1的位置）
1出
2入
5出　4入

原寸紙型

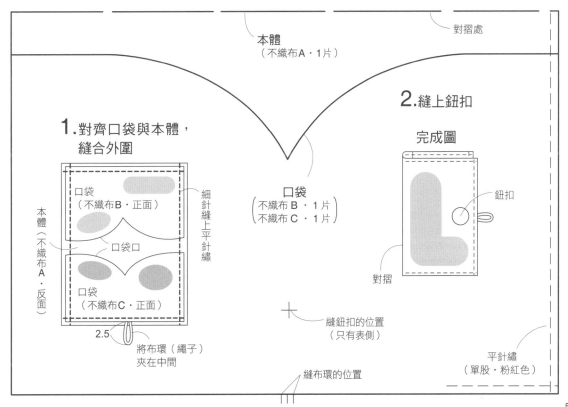

本體
（不織布A · 1片）

對摺處

1.對齊口袋與本體，縫合外圍

口袋
（不織布B · 正面）

口袋口

本體（不織布A · 反面）

細針縫上平針繡

口袋
（不織布C · 正面）

2.5

將布環（繩子）夾在中間

口袋
（不織布B · 1片）
（不織布C · 1片）

2.縫上鈕扣

完成圖

鈕扣

對摺

縫鈕扣的位置
（只有表側）

縫布環的位置

平針繡
（單股 · 粉紅色）

※原寸紙型未包含縫分。未指定的部分不需要保留縫分，直接沿著線裁剪即可。

作品 18 · 19 材料（一個的材料）
不織布A（褐色）厚1mm 20cm×10cm
不織布B（作品18·橄欖綠 作品19·藍色）
　　　　　　厚1mm 15cm×10cm
裡布（棉質·花紋布）寬15cm長20cm
口金（寬7.5cm×高3.2cm）1個
25號刺繡線（米黃色）

作法

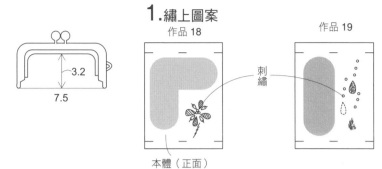

1.繡上圖案

作品 18　　　　　作品 19

刺繡

本體（正面）

2.縫合本體與袋側

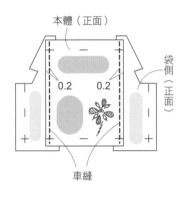

本體（正面）

0.2　　0.2

袋側（正面）

車縫

3.縫合脇腺

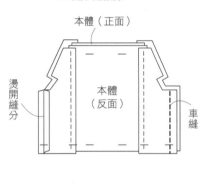

本體（正面）

燙開縫分

本體（反面）

車縫

4.縫合本體與袋底

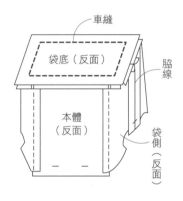

車縫

袋底（反面）

脇線

本體（反面）

袋側（反面）

5.縫製本體裡布

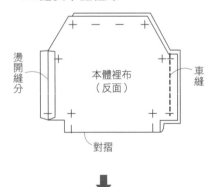

燙開縫分

本體裡布（反面）

車縫

對摺

本體裡布（反面）

脇線

3

車縫

6.縫合本體表布與本體裡布

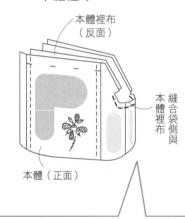

本體裡布（反面）

縫合袋側與本體裡布

本體（正面）

本體裡布（反面）

牙口

脇線

袋側（正面）

本體裡布（反面）

將本體裡布的縫分往內摺，然後車縫

袋側（正面）

不留縫分

往內摺

沿著完成線

7.黏上口金

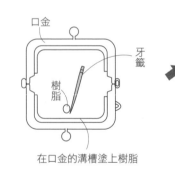

口金

牙籤

樹脂

在口金的溝槽塗上樹脂

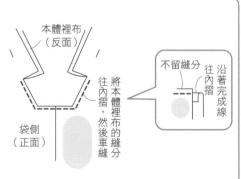

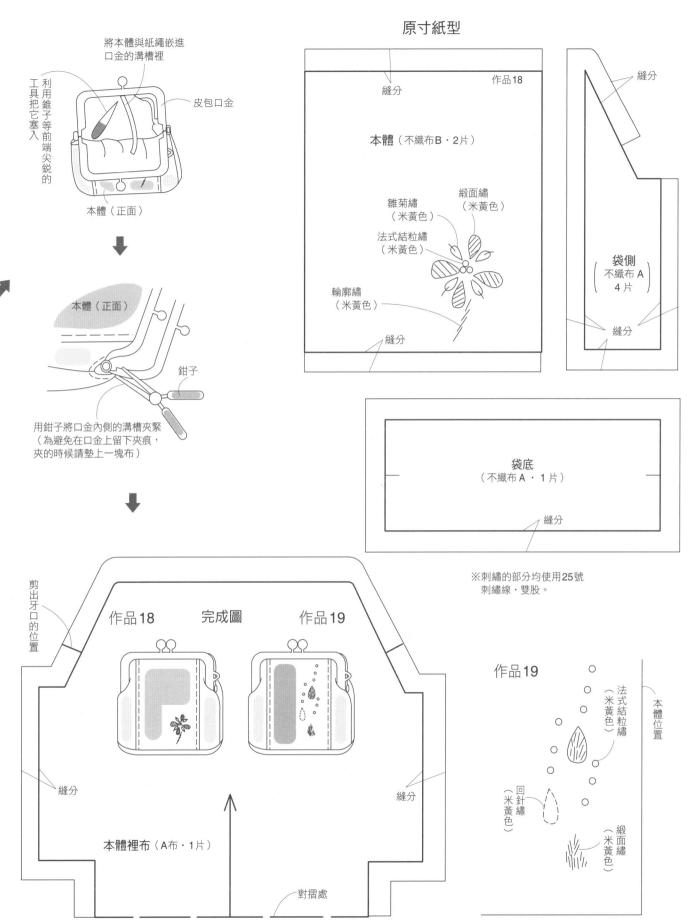

原寸紙型

將本體與紙繩嵌進口金的溝槽裡

皮包口金

利用錐子等前端尖銳的工具把它塞入

本體（正面）

本體（正面）

鉗子

用鉗子將口金內側的溝槽夾緊
（為避免在口金上留下夾痕，
夾的時候請墊上一塊布）

作品18

本體（不織布B・2片）

雛菊繡
（米黃色）

緞面繡
（米黃色）

法式結粒繡
（米黃色）

輪廓繡
（米黃色）

縫分

縫分

縫分

袋側
（不織布A
4片）

縫分

袋底
（不織布A・1片）

縫分

※刺繡的部分均使用25號
刺繡線・雙股。

剪出牙口的位置

作品18　完成圖　作品19

本體裡布（A布・1片）

縫分

縫分

對摺處

作品19

法式結粒繡
（米黃色）

回針繡
（米黃色）

緞面繡
（米黃色）

本體位置

※製圖未包含縫分。製圖上用圓圈框起來的數字代表縫分尺寸，未指定的部分則不需要保留縫分，直接沿著線裁剪即可。

作法

作品 20 材料
不織布A（黑色）厚1mm　45cm×40cm
A布（麻質・素面）25cm×30cm
拉鏈　長18cm 1條
滾邊用的斜布條　寬1cm 長80cm
字母繡貼片 A・B 各1片

作品 21 材料
不織布A（白色）厚1mm　45cm×40cm
A布（麻質・素面）25cm×30cm
拉鏈　長18cm 1條
滾邊用的斜布條　寬1cm 長80cm
字母繡貼片 A・B 各1片

1.縫合本體表布與本體裡布

本體表布（不織布・反面）

本體裡布（A布・正面）

車縫

製圖

本體表布（不織布・1片）
本體裡布（A布・1片）

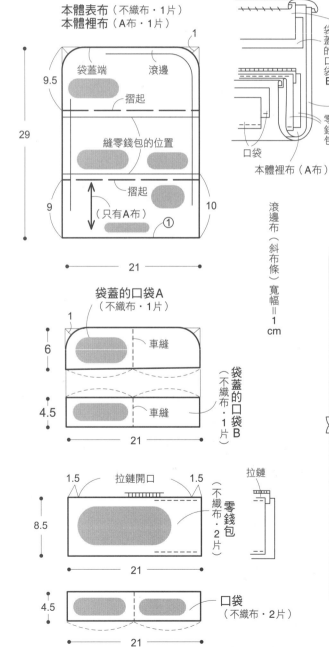

1
9.5
29
9
10
袋蓋端
滾邊
摺起
縫零錢包的位置
摺起
（只有A布）
①
21

袋蓋的口袋A
（不織布・1片）
1
6
車縫
袋蓋的口袋B
（不織布・1片）
4.5
車縫
21

1.5　拉鏈開口　1.5
8.5
零錢包
（不織布・2片）
21

拉鏈

4.5
口袋
（不織布・2片）
21

袋蓋的口袋A
袋蓋的口袋B
本體表布（不織布）
零錢包
口袋
本體裡布（A布）

滾邊布（斜布條）寬幅＝1cm

2.縫上袋蓋的口袋A・B及口袋

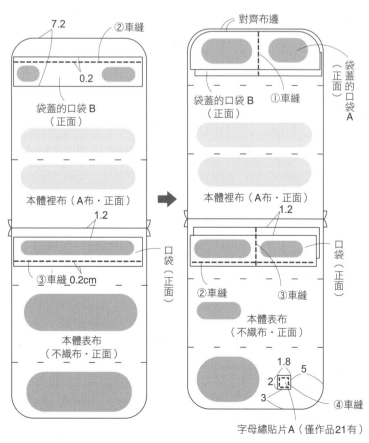

7.2　②車縫
0.2
袋蓋的口袋B（正面）
本體裡布（A布・正面）
1.2
③車縫 0.2cm
口袋（正面）
本體表布（不織布・正面）

對齊布邊
袋蓋的口袋A（正面）
①車縫
袋蓋的口袋B（正面）
本體裡布（A布・正面）
1.2
②車縫　③車縫
口袋（正面）
本體表布（不織布・正面）
1.8　5
2
3
④車縫
字母繡貼片A（僅作品21有）

3.接縫本體表布與本體裡布

②車縫
0.2
①空0.1cm
本體裡布（反面）

4.縫製零錢包

零錢包（正面）
0.2
0.8
拉鍊（正面）
車縫
0.2
零錢包（正面）

本體裡布（正面）
本體表布（反面）

5.將零錢包夾在中間，以挑縫方式縫合周圍

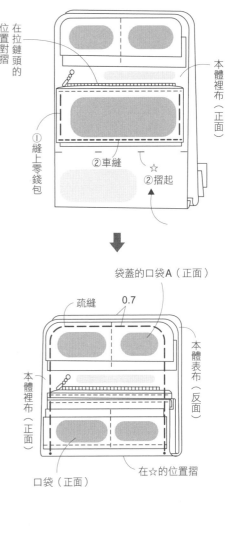

在拉鍊頭的位置對摺
①縫上零錢包
②車縫
☆
②摺起
本體裡布（正面）

袋蓋的口袋A（正面）
疏縫
0.7
本體表布（反面）
本體裡布（正面）
口袋（正面）
在☆的位置摺

6.用斜布條做滾邊

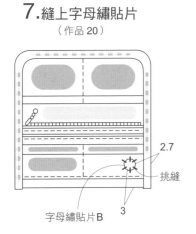

斜布條（反面）
車縫1cm
本體表布（正面）

本體裡布（正面）
本體表布（反面）

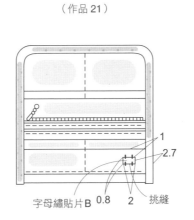

袋蓋側
③挑縫
②摺起
本體裡布（正面）
1
①摺

7.縫上字母繡貼片
（作品20）

2.7
挑縫
字母繡貼片B
3

7.縫上字母繡貼片
（作品21）

1
2.7
字母繡貼片B　0.8　2　挑縫

完成圖

作品20
挑縫
3.5
字母繡貼片A
2

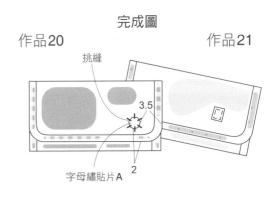

作品21

※製圖未包含縫分。製圖上用圓圈框起來的數字代表縫分尺寸，未指定的部分則不需要保留縫分，直接沿著線裁剪即可。

作品 23 材料
不織布A（粉紅色）厚2mm　20cm×20cm
不織布B（深褐色）厚2mm　20cm×15cm
不織布C（芥末黃）厚2mm　15cm×15cm
不織布D（黃綠色）厚2mm　15cm×15cm
拉鍊　長31cm 1股
暗扣（大）1組
5號刺繡線（粉紅色・綠色）
手工藝棉　適量

作法

1.將口袋A縫在本體上

本體表布（正面）
口袋A（正面）
平針繡

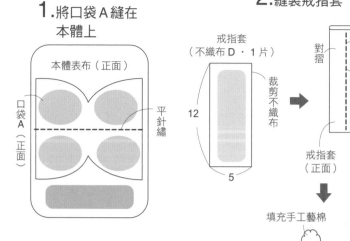

2.縫製戒指套

戒指套（不織布D・1片）
裁剪不織布
對摺
平針繡（綠色）
0.2
戒指套（正面）
12
5
填充手工藝棉
戒指套（正面）
將縫線置於中心位置，燙開縫分後再縫
0.2
①用平針繡（綠色）固定
0.5
戒指套（正面）
①用平針繡（綠色）固定
②縫上暗扣（凹）

3.將口袋B・標籤・戒指套縫在本體裡布上

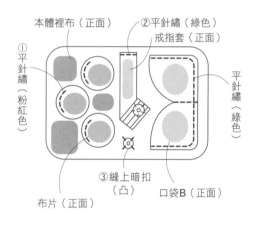

本體裡布（正面）
②平針繡（綠色）
戒指套（正面）
①平針繡（粉紅色）
平針繡（綠色）
③縫上暗扣（凸）
布片（正面）
口袋B（正面）

4.將拉鍊夾在本體表布與本體裡布的中間，然後縫合外圍

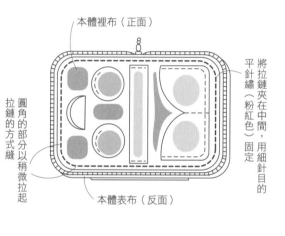

本體裡布（正面）
將拉鍊夾在中間，用細針目的平針繡（粉紅色）固定
圓角的部分以稍微拉起拉鍊的方式縫
本體表布（反面）

完成圖

※刺繡的部分均使用5號刺繡線・單股。

口袋A的原寸紙型

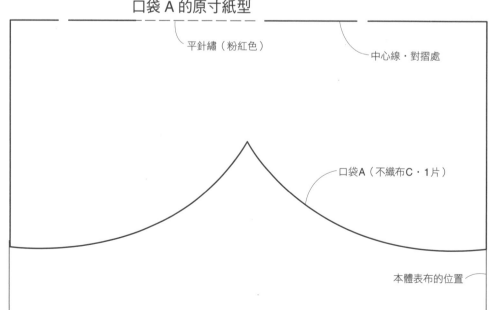

平針繡（粉紅色）
中心線・對摺處
口袋A（不織布C・1片）
本體表布的位置

※原寸紙型未包含縫分。未指定的部分不需要保留縫分，直接沿著線裁剪即可。

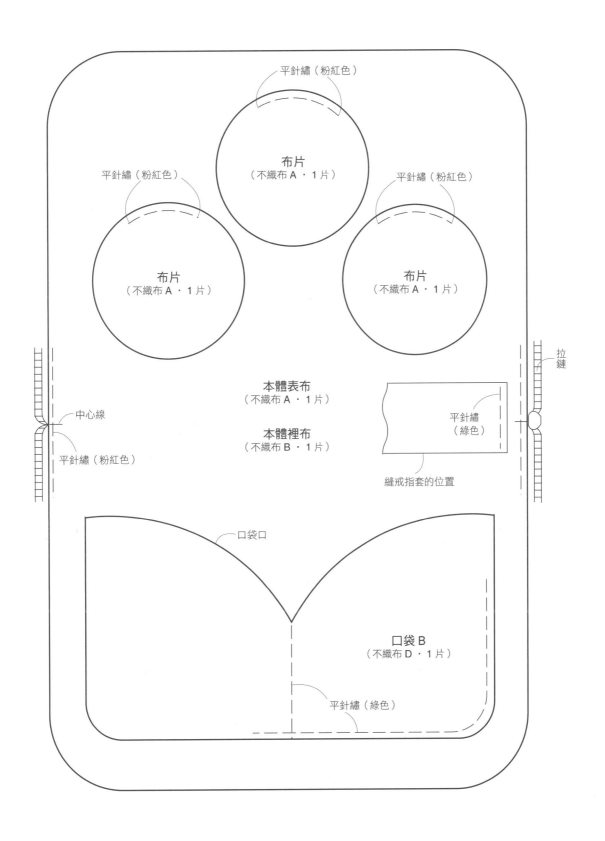

平針繡（粉紅色）

布片
（不織布 A・1 片）

平針繡（粉紅色）

平針繡（粉紅色）

布片
（不織布 A・1 片）

布片
（不織布 A・1 片）

拉鏈

本體表布
（不織布 A・1 片）

本體裡布
（不織布 B・1 片）

平針繡
（綠色）

中心線

平針繡（粉紅色）

縫戒指套的位置

口袋口

口袋 B
（不織布 D・1 片）

平針繡（綠色）

※原寸紙型未包含縫分。未指定的部分不需要保留縫分，直接沿著線裁剪即可。

作品 25 材料
不織布A（黃色）厚2mm　15cm×10cm
不織布B（米白色）厚1mm　5cm×5cm
不織布C（桃紅色）厚1mm　5cm×5cm
不織布D（紅色）厚1mm　5cm×5cm
不織布E（深褐色）厚1mm　5cm×5cm
圓麻繩　粗0.3cm 長30cm
雙圈鐵環（內徑1.4cm）1個
木珠（孔洞大小0.5cm）直徑1.2cm 1個
25號刺繡線
（黃色・紅色・淺褐色・深褐色・桃紅色・米白色）

作品 26 材料
不織布A（土耳其藍）厚2mm　15cm×10cm
不織布B（深褐色）厚1mm　10cm×5cm
圓繩　粗0.3cm 長30cm
雙圈鐵環（內徑1.4cm）1個
木珠（孔洞大小0.5cm）直徑1.2cm 1個
25號刺繡線（淺褐色・淺橘色・土耳其藍）
●原寸紙型請見第69頁。

作法

1. 貼縫拼布・繡上圖案

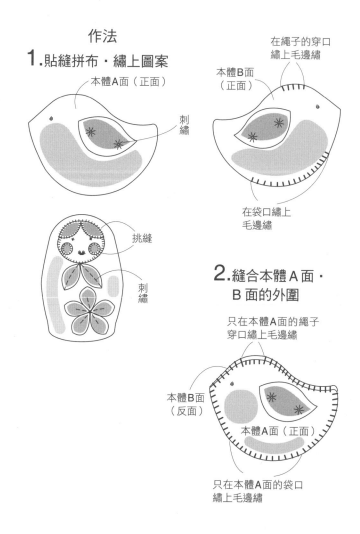

本體A面（正面）
本體B面（正面）
在繩子的穿口繡上毛邊繡
刺繡
在袋口繡上毛邊繡
挑縫
刺繡

2. 縫合本體A面・B面的外圍

只在本體A面的繩子穿口繡上毛邊繡
本體B面（反面）
本體A面（正面）
只在本體A面的袋口繡上毛邊繡

原寸紙型

本體A面（不織布A・1片）
本體B面（不織布A・1片）

圓繩穿口
挑縫
不織布E
緞面繡（淺褐色）
不織布C
毛邊繡（黃色）
緞面繡（紅色）
不織布B
不織布D
回針繡（紅色）
不織布C
回針繡（黃色）
袋口

3. 將雙圈鐵環穿在圓繩上，然後將繩子穿過本體

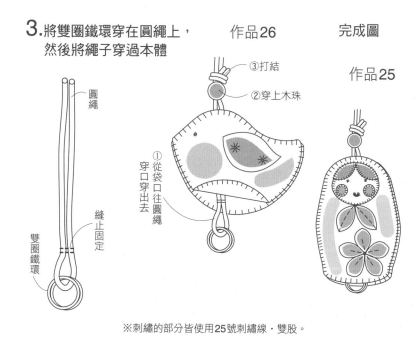

圓繩
雙圈鐵環
縫止固定

作品26
③打結
②穿上木珠
①從袋口往圓繩穿口穿出去

完成圖

作品25

※刺繡的部分皆使用25號刺繡線・雙股。

※原寸紙型未包含縫分，未指定的部分不需要保留縫分，直接沿著線裁剪即可。

作品 27 28 手機袋

作法

作品 27 · 28 材料（一個的材料）
不織布A（作品27·淺紫色　作品28·粉紅色）
　　　　厚1mm　20cm×15cm
不織布B（作品27·粉紅色　作品28·水藍色）
　　　　厚1mm　15cm×10cm
混麻織帶　寬2cm　長90cm
25號刺繡線（作品27·黃色　作品28·翡翠綠）

1. 在袋側 · 袋底剪出牙口

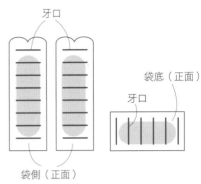

牙口

袋底（正面）

牙口

袋側（正面）

3. 縫合本體與袋側 · 袋底

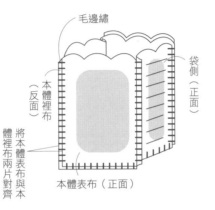

毛邊繡

本體裡布（反面）

袋側（正面）

將本體表布與本體裡布兩片對齊

本體表布（正面）

4. 穿上緞帶

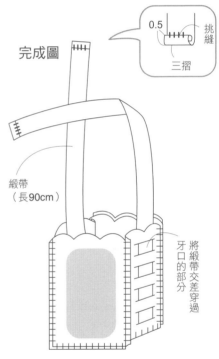

完成圖

0.5

挑縫

三摺

緞帶（長90cm）

將緞帶交差穿過牙口的部分

2. 縫合袋側與袋底

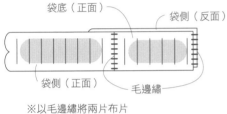

袋底（正面）

袋側（反面）

袋側（正面）

毛邊繡

※以毛邊繡將兩片布片
　縫合在一起的縫法，
　請參照第78頁。

原寸紙型

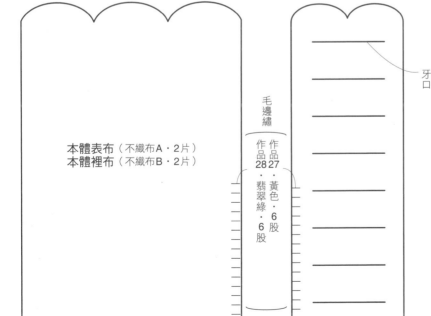

本體表布（不織布A·2片）
本體裡布（不織布B·2片）

毛邊繡
作品28·翡翠綠·6股
作品27·黃色·6股

袋側
（不織布A·2片）

牙口

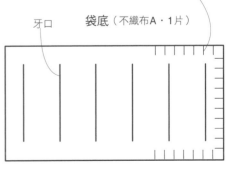

毛邊繡（作品27·黃色·6股
　　　　作品28·翡翠綠·6股）

牙口

袋底（不織布A·1片）

※原寸紙型未包含縫分，未指定的部分不需要保留縫分，直接沿著線裁剪即可。

作品 31 材料
不織布A（米白色）厚2mm　15cm×20cm
不織布B（土耳其藍）厚1mm　15cm×20cm
不織布C（桃紅色）厚1mm　15cm×20cm
暗扣（大）　1組
25號刺繡線（桃紅色・土耳其藍・米白色）

作品 32 材料
不織布A（米白色）厚2mm　15cm×20cm
不織布B（紫色）厚1mm　15cm×20cm
不織布C（橄欖綠）厚1mm　15cm×20cm
暗扣（大）　1組
25號刺繡線（橄欖綠・紫色・米白色）

製圖

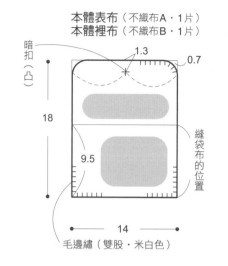

本體表布（不織布A・1片）
本體裡布（不織布B・1片）

暗扣（凸）
1.3
0.7
18
9.5
縫袋布的位置
14
毛邊繡（雙股・米白色）

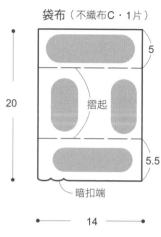

袋布（不織布C・1片）
5
20
摺起
5.5
暗扣端
14

作法

1. 繡上圖案

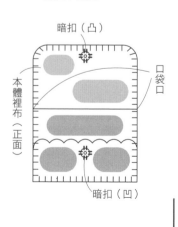

作品 31
刺繡
本體（正面）

作品 32
本體（正面）

2. 製作袋布

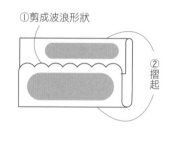

①剪成波浪形狀
②摺起

3. 對齊本體表布・本體裡布・袋布，然後縫合

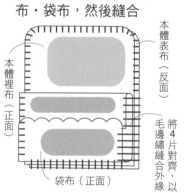

本體表布（反面）
本體裡布（正面）
袋布（正面）
將4片對齊，以毛邊繡縫合外緣

4. 縫上暗扣

暗扣（凸）
本體裡布（正面）
口袋口
暗扣（凹）

完成圖

作品 31

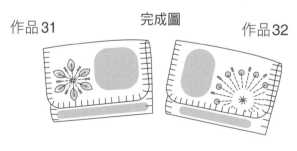

作品 32

波浪邊的原寸紙型

※製圖未包含縫分。製圖上用圓圈框起來的數字代表縫分尺寸，未指定的部分則不需要保留縫分，直接沿著線裁剪即可。

作品 29 · 30 材料（一個的材料）
不織布A（作品29・粉紅色　作品30・水藍色）
　　　　　厚1mm 5cm×5cm
不織布B（作品29・淺紫色　作品30・粉紅色）
　　　　　厚1mm 5cm×5cm
吊飾繩　1股
25號刺繡線
（作品29・作品30・黃色　作品30・翡翠綠）

作法

1.繡上圖案

刺繡

2.縫合本體表布與本體裡布

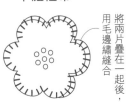

將兩片疊在一起後，用毛邊繡縫合

3.縫上吊飾繩

完成圖

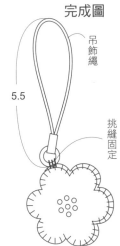

吊飾繩

5.5

挑縫固定

第17頁作品 26 的原寸紙型

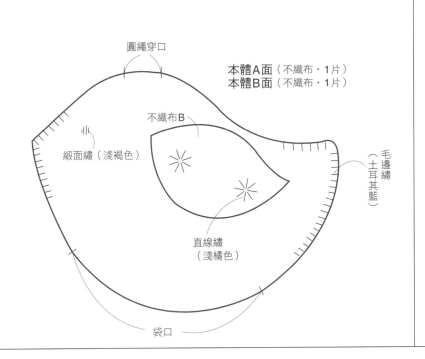

圓繩穿口

本體A面（不織布・1片）
本體B面（不織布・1片）

緞面繡（淺褐色）

不織布B

直線繡（淺橘色）

毛邊繡（土耳其藍）

袋口

原寸紙型

本體表布（不織布A・1片）
本體裡布（不織布B・1片）

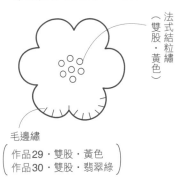

法式結粒繡（雙股・黃色）

毛邊繡
（作品29・雙股・黃色
　作品30・雙股・翡翠綠）

第19頁作品 31 · 32 的原寸圖案

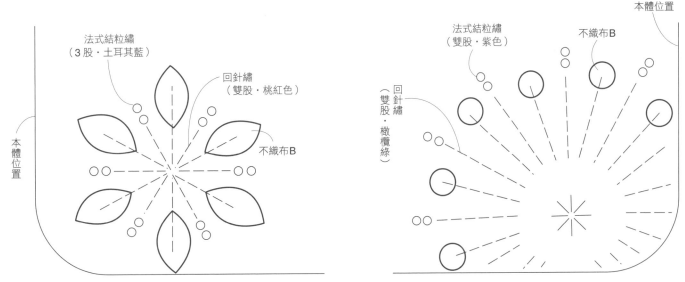

法式結粒繡（3股・土耳其藍）

回針繡（雙股・桃紅色）

不織布B

本體位置

法式結粒繡（雙股・紫色）

不織布B

本體位置

回針繡（雙股・橄欖綠）

本體位置

※原寸紙型未包含縫分。未指定的部分不需要保留縫分，直接沿著線裁剪即可。

作法

作品 44 材料
不織布A（白色）厚1mm 20cm×40cm
不織布B（翡翠綠）厚1mm 10cm×20cm
鋪棉襯　寬40cm 長20cm
織帶　寬1cm 長10cm
25號刺繡線（橘色・水藍色・深褐色）

作品 45 材料
不織布A（白色）厚1mm 20cm×40cm
不織布B（水藍色）厚1mm 10cm×20cm
鋪棉襯　寬40cm 長20cm
織帶　寬1cm 長10cm
25號刺繡線（藏青色・紅色・黃色）
●原寸刺繡圖案請見第83頁。

1. 在口袋繡上圖案後，
將口袋放在本體上

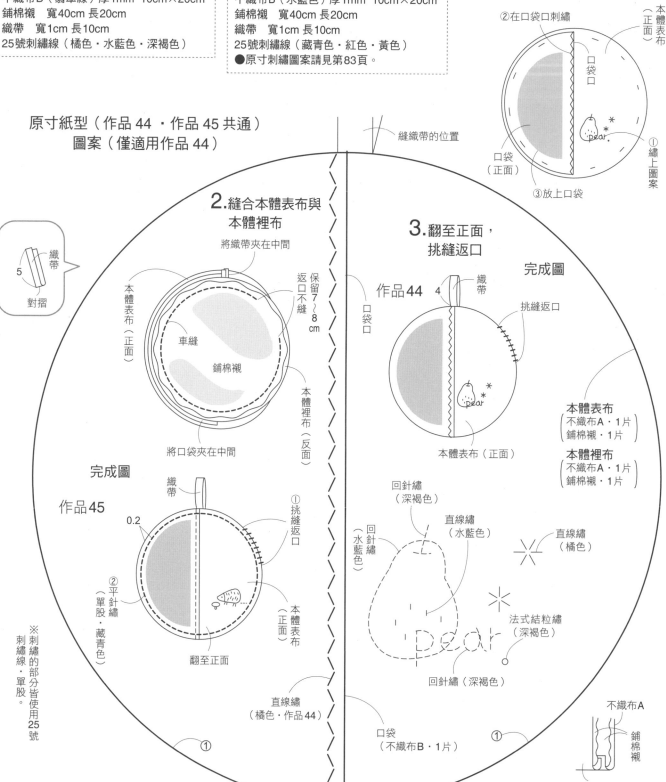

原寸紙型（作品44・作品45 共通）
圖案（僅適用作品44）

②在口袋口刺繡
本體表布（正面）
口袋口
口袋（正面）
①繡上圖案
③放上口袋

織帶
5
對摺

2. 縫合本體表布與本體裡布

將織帶夾在中間
返口不縫
保留7〜8cm
本體表布（正面）
車縫
鋪棉襯
將口袋夾在中間
本體裡布（反面）

3. 翻至正面，挑縫返口

完成圖
作品44　4
織帶
口袋口
挑縫返口
本體表布（正面）
pear.

本體表布
（不織布A・1片
鋪棉襯・1片）
本體裡布
（不織布A・1片
鋪棉襯・1片）

完成圖
作品45
織帶
0.2
①挑縫返口
②平針繡（單股・藏青色）
翻至正面
本體表布（正面）

回針繡（深褐色）
直線繡（水藍色）
直線繡（橘色）
回針繡（水藍色）
法式結粒繡（深褐色）
回針繡（深褐色）
Dear

※刺繡的部分皆使用25號刺繡線・單股。

直線繡（橘色・作品44）
口袋（不織布B・1片）
①

不織布A
鋪棉襯
不織布A

※原寸紙型未包含縫分。紙型上用圓圈框起來的數字代表縫分尺寸，未指定的部分則不需要保留縫分，直接沿著線裁剪即可。

　作品 ㊻ ㊼ 隔熱鍋墊

作品 46 · 47 的作法
與第 28 頁作品 44 · 45 的
作法相同（參照第 70 頁）

作品 46 材料
不織布A（水藍色）厚1mm　20cm×40cm
不織布B（翡翠綠）厚1mm　10cm×15cm
鋪棉襯　40cm寬20cm長
織帶　1cm寬10cm長
25號刺繡線（紅色·黃色·白色·粉紅色）

作品 47 材料
不織布A（粉紅色）厚1mm　20cm×40cm
不織布B（水藍色）厚1mm　10cm×20cm
鋪棉襯　40cm寬20cm長
織帶　1cm寬10cm長
蕾絲　1.8cm寬 20cm長
25號刺繡線（藏青色·紅色·黃色·黃綠色）
●原寸刺繡圖案請見第83頁。

完成圖

作品47

4
織帶
縫織帶的位置
用平針繡
固定蕾絲
（紅色）

原寸紙型（作品 46 ·作品 47 共用）·圖案（僅作品 46 適用）

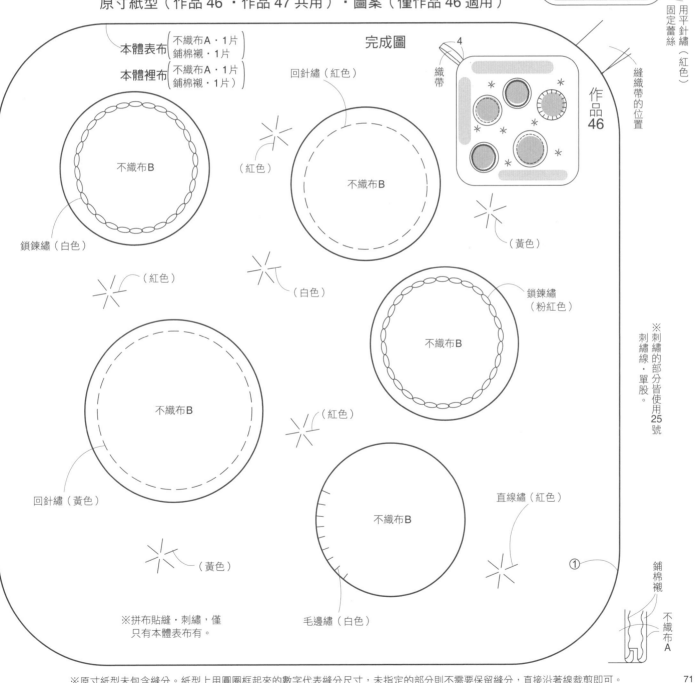

本體表布（不織布A·1片／鋪棉襯·1片）
本體裡布（不織布A·1片／鋪棉襯·1片）

回針繡（紅色）
（紅色）
不織布B
不織布B

完成圖

4
織帶
作品46
（黃色）

鎖鍊繡（白色）
（紅色）
（白色）

鎖鍊繡（粉紅色）
不織布B

回針繡（黃色）
不織布B
（紅色）

直線繡（紅色）

（黃色）
毛邊繡（白色）
不織布B
①
鋪棉襯
不織布A

※拼布貼縫·刺繡，僅
　只有本體表布有。

※刺繡的部分皆使用25號刺繡線·單股。

※原寸紙型未包含縫分。紙型上用圓圈框起來的數字代表縫分尺寸，未指定的部分則不需要保留縫分，直接沿著線裁剪即可。

作品 48 材料
不織布A（白色）厚1mm 20cm×20cm
不織布B（苔蘚綠）厚1mm 20cm×20cm
不織布C（黃綠）厚1mm 5cm×5cm
不織布D（紅色）厚1mm 5cm×5cm
鋪棉襯　寬40cm 長20cm
織帶　寬1cm長10cm
25號刺繡線（深褐色‧紅色‧黃色）

原寸紙型‧圖案

作法

1.繡上圖案

2.縫製本體表布與本體裡布

3.縫合本體表布與本體裡布

完成圖

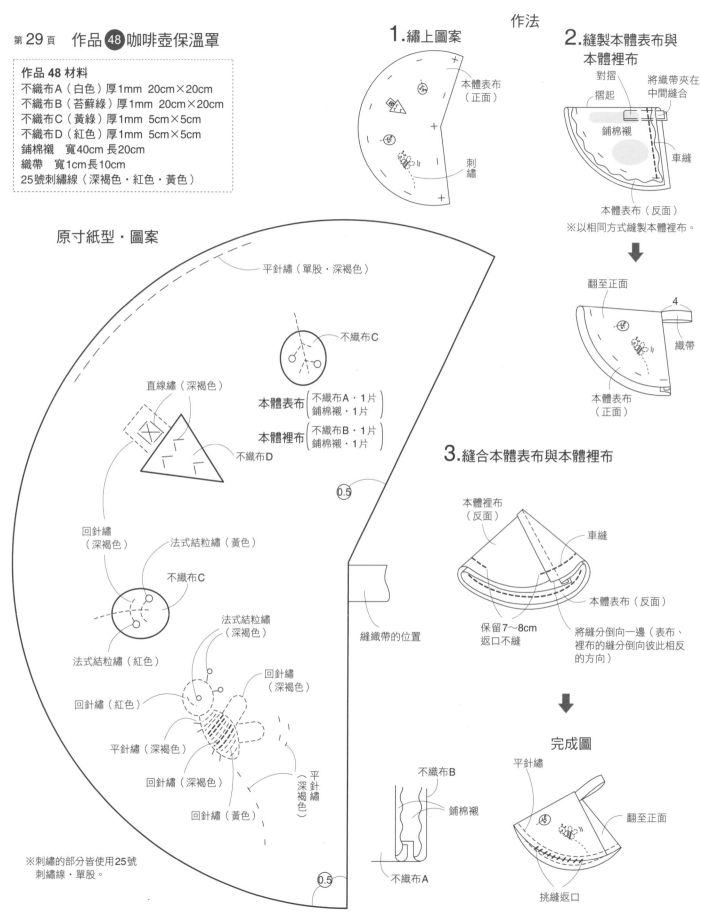

※刺繡的部分皆使用25號刺繡線‧單股。

　※原寸紙型未包含縫分。紙型上用圓圈框起來的數字代表縫分尺寸，未指定的部分則不需要保留縫分，直接沿著線裁剪即可。

作品 49 材料

不織布A（白色）厚1mm 20cm×15cm
不織布B（苔蘚綠）厚1mm 20cm×35cm
不織布C（黃綠）厚1mm 5cm×5cm
不織布D（紅色）厚1mm 5cm×5cm
鋪棉襯 寬35cm 長20cm
織帶 寬1cm長10cm
25號刺繡線（深褐色・紅色・黃色）

製圖

拼接布
（不織布B・1片）

織帶

本體裡布
（不織布B・1片）
（鋪棉襯・1片）

0.5

5.5

① 0.2 平針繡

17

0.5

平針繡

本體表布
（不織布A・1片）
（鋪棉襯・1片）

14

14

作法

1.縫接拼接線

車縫

拼接布（反面）

本體表布（正面）

2.繡上圖案

①平針繡（單股・深褐色）

燙開縫分

②繡上圖案

本體表布（正面）

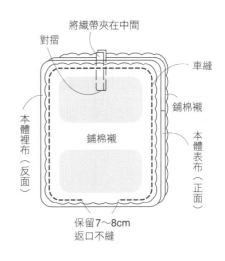

3.縫合本體表布與本體裡布

將織帶夾在中間

對摺

車縫

鋪棉襯

本體裡布（反面）

鋪棉襯

本體表布（正面）

保留7～8cm返口不縫

原寸圖案

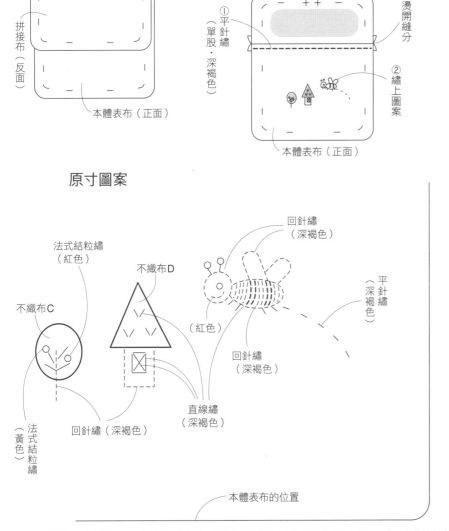

法式結粒繡（紅色）

不織布D

回針繡（深褐色）

平針繡（深褐色）

不織布C

（紅色）

（黃色）法式結粒繡

回針繡（深褐色）

回針繡（深褐色）

直線繡（深褐色）

本體表布的位置

完成圖

翻至正面

挑縫返口

作品 57 材料
不織布（粉紅色）厚1mm　20cm×15cm
A布（麻質・素面）寬20cm 長15cm
蕾絲　寬8cm 長10cm
字母繡貼布　寬2cm 長5cm
25號刺繡線（紅色）

作品 58 材料
不織布（黑色）厚1mm　20cm×15cm
A布（麻質・素面）寬20cm 長15cm
蕾絲　寬2cm 長20cm
字母繡貼布　寬1cm 長5cm
25號刺繡線（紅色）

作法

1. 縫上蕾絲與織帶

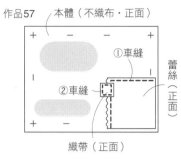

作品57　本體（不織布・正面）
①車縫
②車縫
蕾絲（正面）
織帶（正面）

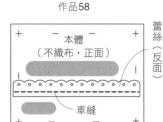

作品58
本體（不織布・正面）
蕾絲（反面）
車縫

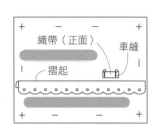

織帶（正面）
車縫
摺起

原寸紙型

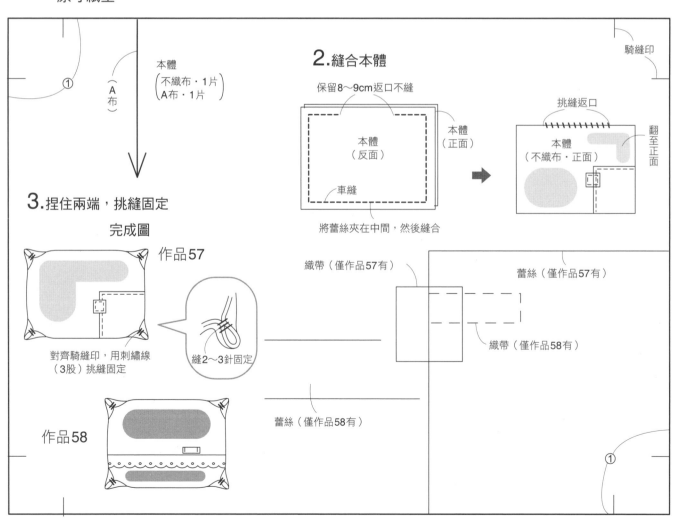

本體
（不織布・1片
A布・1片）

（A布）

2. 縫合本體

保留8～9cm返口不縫
本體（反面）
本體（正面）
車縫
將蕾絲夾在中間，然後縫合

挑縫返口
翻至正面
本體（不織布・正面）

騎縫印

3. 捏住兩端，挑縫固定

完成圖

作品57
對齊騎縫印，用刺繡線
（3股）挑縫固定

縫2～3針固定

織帶（僅作品57有）
蕾絲（僅作品57有）
織帶（僅作品58有）
蕾絲（僅作品58有）

作品58

　※原寸紙型未包含縫分。紙型上用圈圈框起來的數字代表縫分尺寸，未指定的部分則不需要保留縫分，直接沿著線裁剪即可。

作品 **38** 書籤

作品 38 材料
不織布A（深褐色）厚1mm　25cm×5cm
25號刺繡線（深褐色）

作法

1.刺繡

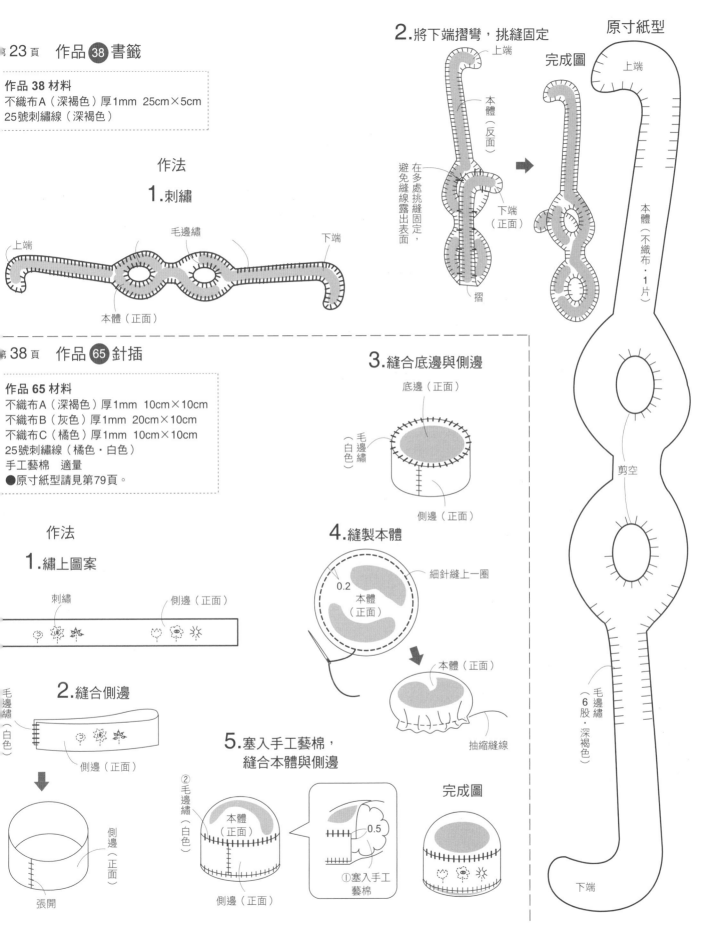

上端
毛邊繡
下端
本體（正面）

2.將下端摺彎，挑縫固定

上端
本體（反面）
下端（正面）
在多處挑縫固定，避免縫線露出表面
摺

完成圖
上端
下端

原寸紙型
上端
本體（不織布・1片）
剪空
毛邊繡（6股・深褐色）
下端

作品 **65** 針插

作品 65 材料
不織布A（深褐色）厚1mm　10cm×10cm
不織布B（灰色）厚1mm　20cm×10cm
不織布C（橘色）厚1mm　10cm×10cm
25號刺繡線（橘色・白色）
手工藝棉　適量
●原寸紙型請見第79頁。

作法

1.繡上圖案

刺繡
側邊（正面）

2.縫合側邊

毛邊繡（白色）
側邊（正面）
張開
側邊（正面）

3.縫合底邊與側邊

底邊（正面）
毛邊繡（白色）
側邊（正面）

4.縫製本體

0.2
本體（正面）
細針縫上一圈
本體（正面）
抽縮縫線

5.塞入手工藝棉，縫合本體與側邊

②毛邊繡（白色）
本體（正面）
側邊（正面）
0.5
①塞入手工藝棉

完成圖

※原寸紙型未包含縫分。紙型上用圓圈框起來的數字代表縫分尺寸，未指定的部分則不需要保留縫分，直接沿著線裁剪即可。

作品 59 · 60 材料（一雙的材料）
不織布A（作品59·深褐色　作品60·土耳其藍）
　　　　厚1mm　40cm×50cm
不織布B（作品59·土耳其藍　作品60·深褐色）
　　　　厚1mm　30cm×30cm
A布（棉質·碎花）寬30cm　長30cm
鋪棉襯　寬30cm　長30cm
暗扣（小）1組
皮革花　2片（作品60）
25號刺繡線
（作品59·土耳其藍·深褐色　作品60·粉紅色）

作法

1.縫合側邊

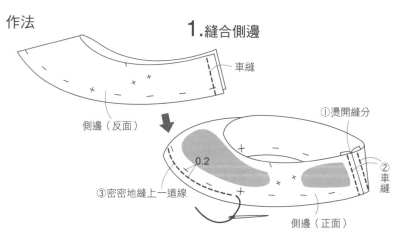

車縫
①燙開縫分
②車縫
側邊（反面）
0.2
③密密地縫上一道線
側邊（正面）

2.縫合側邊與內底

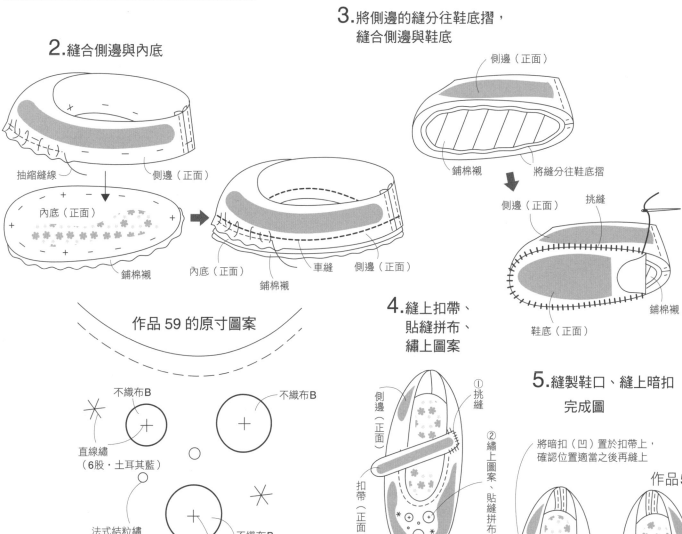

抽縮縫線
側邊（正面）
內底（正面）
鋪棉襯
內底（正面）
鋪棉襯
車縫
側邊（正面）

3.將側邊的縫分往鞋底摺，縫合側邊與鞋底

側邊（正面）
鋪棉襯
將縫分往鞋底摺
側邊（正面）
挑縫
鋪棉襯
鞋底（正面）

作品 59 的原寸圖案

不織布B
不織布B
直線繡
（6股·土耳其藍）
法式結粒繡
（6股·土耳其藍）
不織布B
直線繡
（6股·深褐色）
側邊的位置
前中心點

4.縫上扣帶、貼縫拼布、繡上圖案

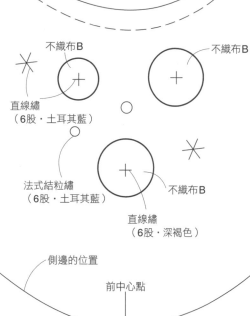

側邊（正面）
①挑縫
扣帶（正面）
②繡上圖案、貼縫拼布

※扣帶、拼布以左右對稱的方式縫上。

用平針繡密密地縫上一道線，然後將整道線抽縮成19cm左右

5.縫製鞋口、縫上暗扣　完成圖

將暗扣（凹）置於扣帶上，確認位置適當之後再縫上

作品59

②暗扣（凸）

19cm左右

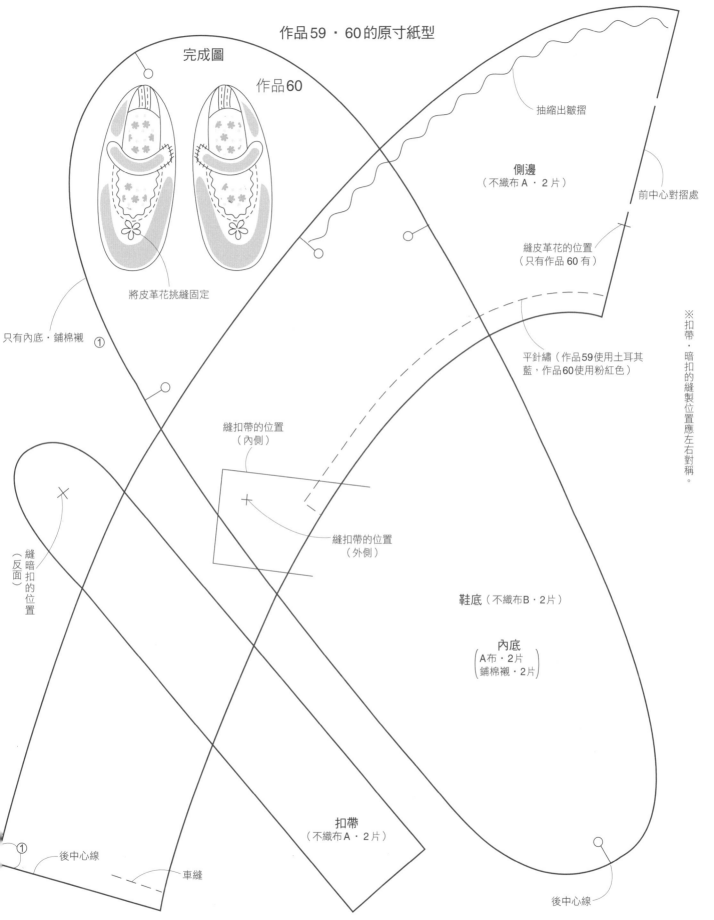

作品59 · 60的原寸紙型

完成圖

作品60

將皮革花挑縫固定

抽縮出皺摺

側邊
（不織布A · 2片）

前中心對摺處

縫皮革花的位置
（只有作品60有）

只有內底 · 鋪棉襯 ①

平針繡（作品59使用土耳其
藍，作品60使用粉紅色）

縫扣帶的位置
（內側）

縫扣帶的位置
（外側）

縫暗扣的位置
（反面）

鞋底（不織布B · 2片）

內底
（A布 · 2片
鋪棉襯 · 2片）

※扣帶 · 暗扣的縫製位置應左右對稱。

① 後中心線

車縫

扣帶
（不織布A · 2片）

後中心線

※製圖未包含縫分。製圖上用圓圈框起來的數字代表縫分尺寸，未指定的部分則不需要保留縫分，直接沿著線裁剪即可。

作品63 材料
不織布A（深褐色）厚1mm　30cm×45cm
不織布B（灰色）厚1mm　30cm×45cm
不織布C（橘色）厚1mm　30cm×15cm
接著襯　寬30cm 長45cm
25號刺繡線（橘色・白色・深褐色）
皮革提把　寬0.8cm 長27cm×2條

製圖

提把（皮革製的提把2條）　0.8

縫提把的位置

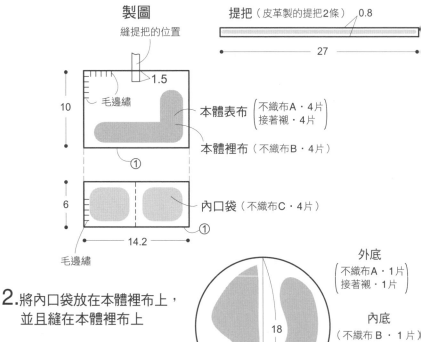

1.5

10

毛邊繡

本體表布（不織布A・4片／接著襯・4片）

本體裡布（不織布B・4片）

①

內口袋（不織布C・4片）

6

①

14.2

毛邊繡

27

外底（不織布A・1片／接著襯・1片）

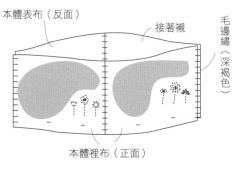

18

內底（不織布B・1片）

①

作法

1.繡上圖案

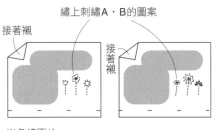

接著襯

繡上刺繡A・B的圖案

接著襯

※各繡兩片。

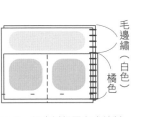

毛邊繡（白色）

橘色

※另一組也以相同方式縫製。

※刺繡的部分皆使用25號刺繡線・雙股。

2.將內口袋放在本體裡布上，並且縫在本體裡布上

本體裡布（正面）

內口袋（正面）

車縫

※其他3組以相同方式縫製。

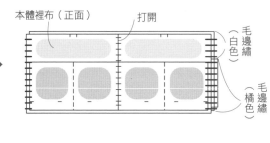

本體裡布（正面）　打開

毛邊繡（白色）

毛邊繡（橘色）

3.縫合本體表布

本體表布（反面）　接著襯　毛邊繡（深褐色）

本體裡布（正面）

※交互拼接刺繡A・B片。

以毛邊繡拼接兩片布片時的縫法

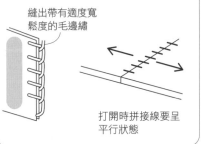

縫出帶有適度寬鬆度的毛邊繡

打開時拼接線要呈平行狀態

4.縫合本體裡布與內底

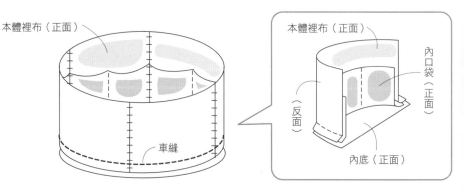

本體裡布（正面）

車縫

本體裡布（正面）

內口袋（正面）

（反面）

內底（正面）

5. 縫合本體表布與外底

6. 將本體裡布放進本體表布的裡面，縫製袋口部分，縫上提把

原寸圖案

刺繡 A

刺繡 B

第 38 頁作品 65 的原寸紙型・圖案

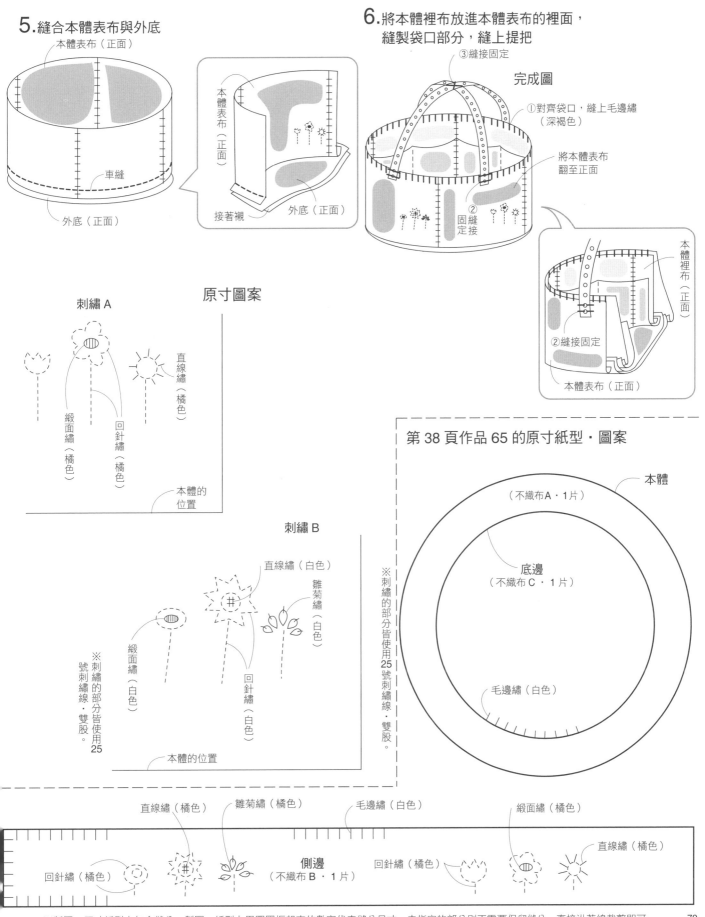

※製圖、原寸紙型未包含縫分。製圖、紙型上用圓圈框起來的數字代表縫分尺寸，未指定的部分則不需要保留縫分，直接沿著線裁剪即可。

作品 67 材料
不織布A（紅色）厚1mm　10cm×10cm
不織布B（綠色）厚1mm　10cm×10cm
25號刺繡線（黃綠色・黃色・粉紅色）
手工藝棉　適量

作法

1.刺繡

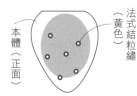

本體（正面）　法式結粒繡（黃色）

2.縫合本體

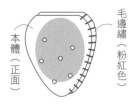

本體（正面）　毛邊繡（粉紅色）

3.塞入手工藝棉，縫合上端

塞入手工藝棉後，縫合

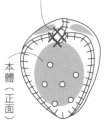

本體（正面）

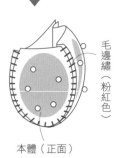

毛邊繡（粉紅色）　本體（正面）

原寸紙型

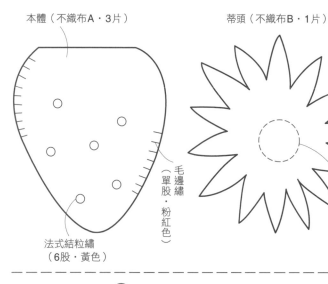

本體（不織布A・3片）

蒂頭（不織布B・1片）

法式結粒繡（6股・黃色）

毛邊繡（單股・粉紅色）

回針繡（黃綠色）

4.縫上蒂頭

完成圖

用回針繡（黃綠色）縫上蒂頭
蒂頭（正面）
本體（正面）

作品 68 材料
不織布（黃綠色）厚1mm　15cm×15cm
25號刺繡線（黃綠色・淺黃綠色）
手工藝棉　適量

作法

1.刺繡

回針繡

本體（正面）

2.縫合本體

毛邊繡（淺黃綠色）

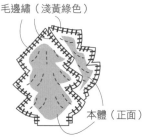

本體（正面）

3.塞入手工藝棉，縫合本體與底部

完成圖

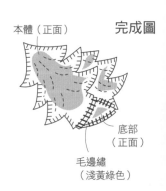

本體（正面）
底部（正面）
毛邊繡（淺黃綠色）

原寸紙型

本體（不織布・3片）

回針繡（6股・黃綠色）

毛邊繡（單股・淺黃綠色）

底部（不織布・1片）

※原寸紙型未包含縫分。未指定的部分不需要保留縫分，直接沿著線裁剪即可。

作品 69 材料
不織布（白色）厚1mm　15cm×15cm
25號刺繡線（白色・土耳其藍・米白色）
手工藝棉　適量

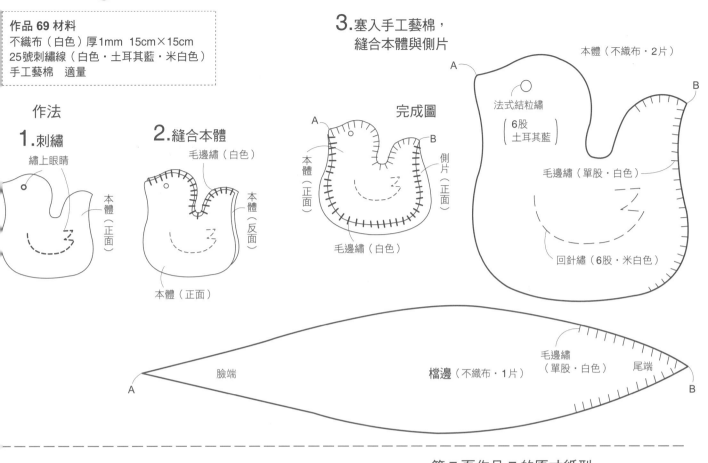

作法

1.刺繡
繡上眼睛
本體（正面）

2.縫合本體
毛邊繡（白色）
本體（反面）
本體（正面）

3.塞入手工藝棉，縫合本體與側片
完成圖
本體（正面）
側片（正面）
毛邊繡（白色）

本體（不織布・2片）
法式結粒繡
（6股土耳其藍）
毛邊繡（單股・白色）
回針繡（6股・米白色）

臉端
檔邊（不織布・1片）
毛邊繡（單股・白色）
尾端
A
B

第 7 頁作品 7 的原寸紙型

袋口端

袋底裡布
（不織布B・1片）

①

①

袋底端

①

對摺處

本體裡布
（不織布B・2片）

①

※原寸尺型未包含縫分。紙型上用圓圈框起來的數字代表縫分尺寸，未指定的部分則不需要保留縫分，直接沿著線裁剪即可。

作品 64 材料
不織布A（橘色）厚1mm　10cm×10cm
不織布B（深褐色）厚1mm　10cm×10cm
25號刺繡線（白色）

作品 66 材料
不織布A（灰色）厚1mm　10cm×10cm
不織布B（深褐色）厚1mm　10cm×10cm
不織布B（橘色）厚1mm　20cm×5cm
25號刺繡線（橘色・深褐色）

作品 66 的作法

完成圖

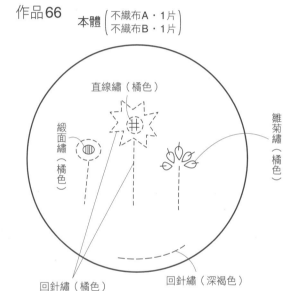

①在不織布A繡上圖案
②回針繡（深褐色）
側片（正面）

放入捲尺，從本體端縫上回針繡（橘色）

側片（不織布C・1片）
回針繡（深褐色）
回針繡（橘色）
上端
底端

※刺繡的部分皆使用25號刺繡線・雙股。

作品 64 的作法
完成圖

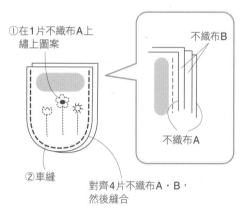

①在1片不織布A上繡上圖案
不織布B
不織布A
②車縫
對齊4片不織布A・B，然後縫合

原寸紙型・圖案

作品66　本體（不織布A・1片　不織布B・1片）

直線繡（橘色）
緞面繡（橘色）
雛菊繡（橘色）
回針繡（橘色）
回針繡（深褐色）

第 20 頁作品 33～35 的原寸紙型

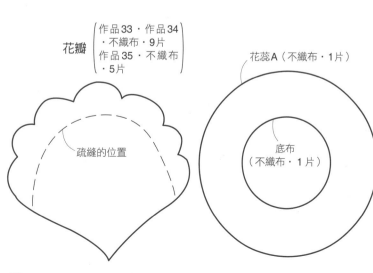

花瓣（作品33・作品34・不織布・9片　作品35・不織布・5片）
疏縫的位置

花蕊A（不織布・1片）
底布（不織布・1片）

作品64

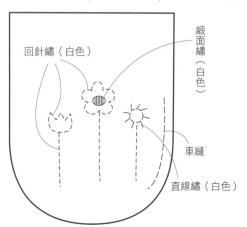

本體（不織布A・2片　不織布B・2片）

回針繡（白色）
緞面繡（白色）
車縫
直線繡（白色）

※原寸紙型未包含縫分。未指定的部分不需要保留縫分，直接沿著線裁剪即可。

第 22 頁作品 36 的原寸圖案

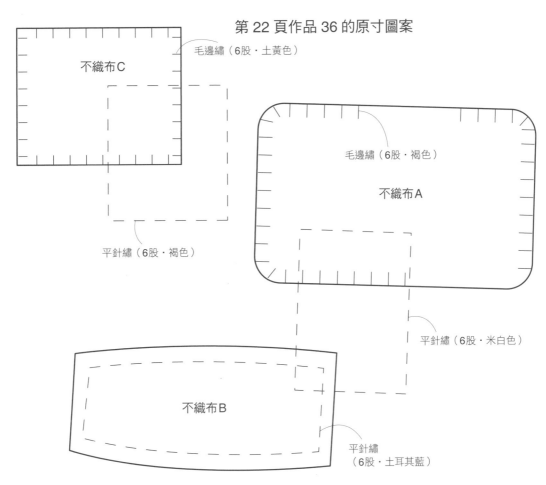

不織布C

毛邊繡（6股・土黃色）

平針繡（6股・褐色）

毛邊繡（6股・褐色）

不織布A

平針繡（6股・米白色）

不織布B

平針繡
（6股・土耳其藍）

第 28 頁作品 45・47 的原寸圖案

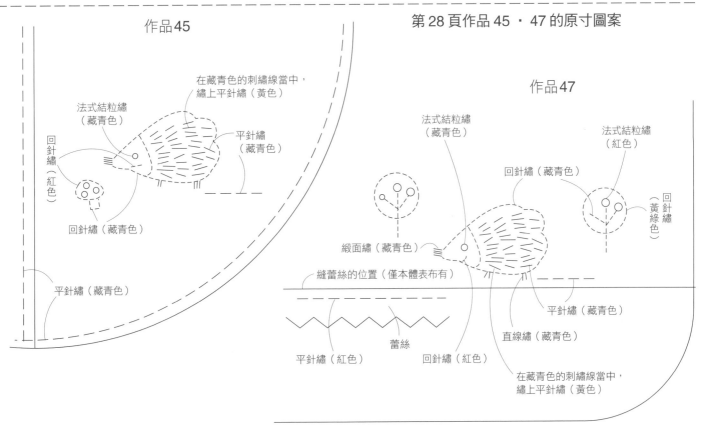

作品45

在藏青色的刺繡線當中，繡上平針繡（黃色）

法式結粒繡
（藏青色）

平針繡
（藏青色）

回針繡
（紅色）

回針繡（藏青色）

平針繡（藏青色）

作品47

法式結粒繡
（藏青色）

法式結粒繡
（紅色）

回針繡（藏青色）

回針繡
（黃綠色）

緞面繡（藏青色）

縫蕾絲的位置（僅本體表布有）

平針繡（藏青色）

直線繡（藏青色）

在藏青色的刺繡線當中，繡上平針繡（黃色）

蕾絲

平針繡（紅色）

回針繡（紅色）

※原寸圖案未包含縫分。未指定的部分不需要保留縫分，直接沿著線裁剪即可。

原寸紙型

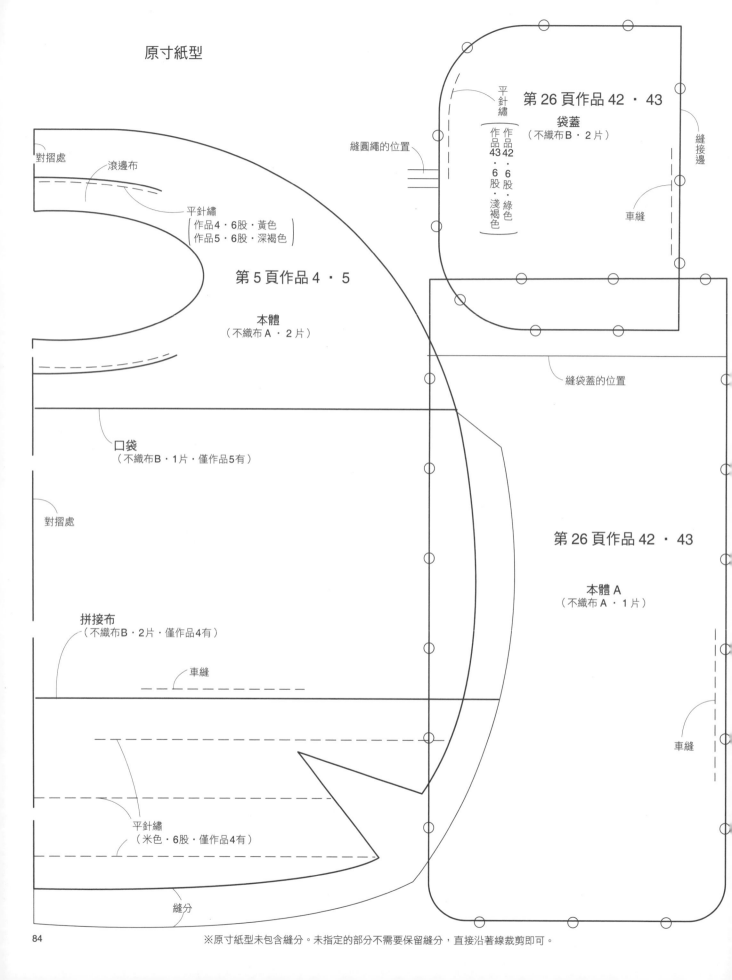

平針繡
第 26 頁作品 42 · 43
袋蓋
（不織布 B · 2 片）

縫圓繩的位置

作品43 · 6股 · 淺褐色
作品42 · 6股 · 綠色

縫接邊

車縫

對摺處

滾邊布

平針繡
（作品 4 · 6股 · 黃色
作品 5 · 6股 · 深褐色）

第 5 頁作品 4 · 5

本體
（不織布 A · 2 片）

口袋
（不織布 B · 1 片 · 僅作品 5 有）

縫袋蓋的位置

對摺處

第 26 頁作品 42 · 43

拼接布
（不織布 B · 2 片 · 僅作品 4 有）

車縫

本體 A
（不織布 A · 1 片）

平針繡
（米色 · 6股 · 僅作品 4 有）

車縫

縫分

※原寸紙型未包含縫分。未指定的部分不需要保留縫分，直接沿著線裁剪即可。

原寸紙型・圖案

第26頁作品42・43

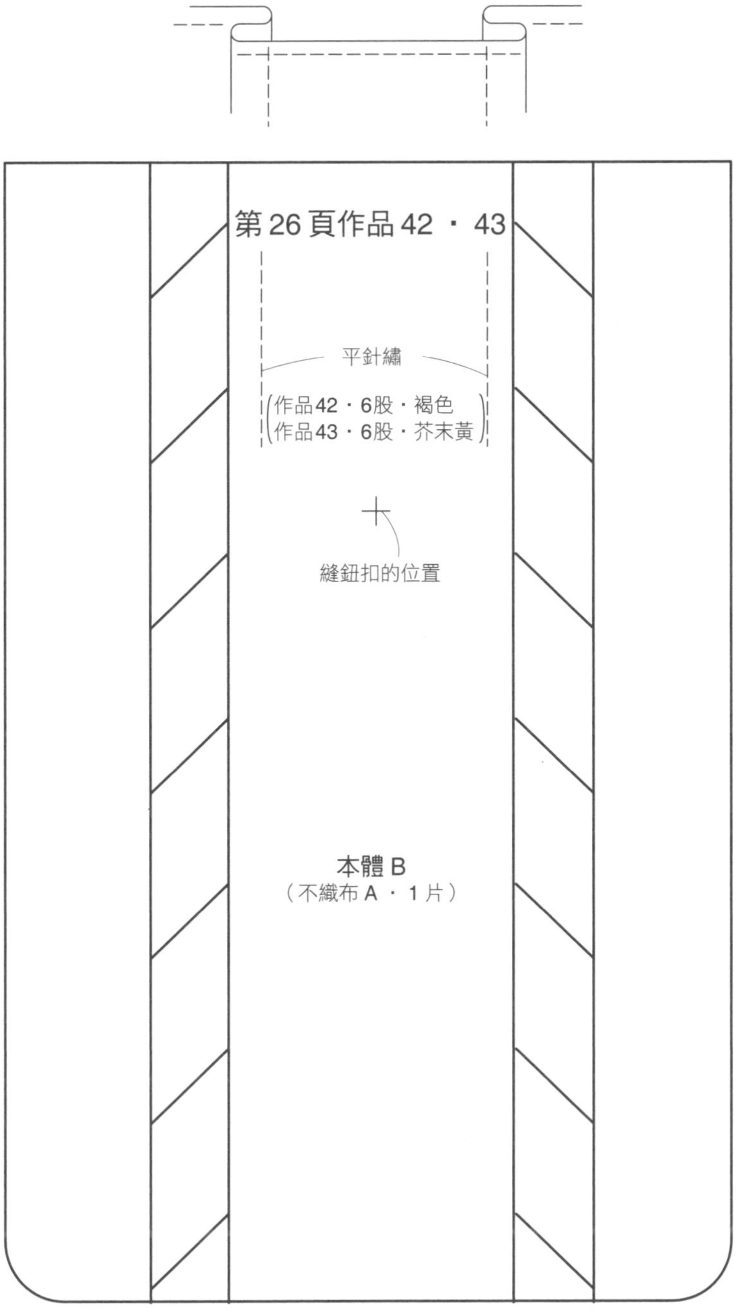

第5頁作品5

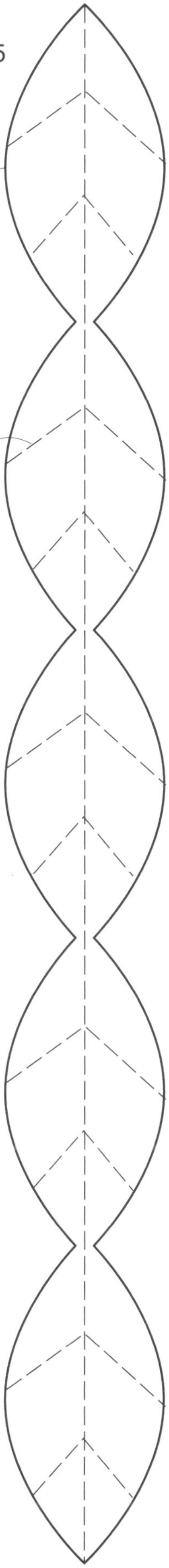

（不織布C・1片）

對摺處

（只有花瓣B）

第4頁作品3的
胸針

平針繡

（作品42・6股・褐色）
（作品43・6股・芥末黃）

平針繡
（深褐色）

＋

縫鈕扣的位置

花瓣A
（不織布・1片）

本體B
（不織布A・1片）

第4頁作品3的胸針

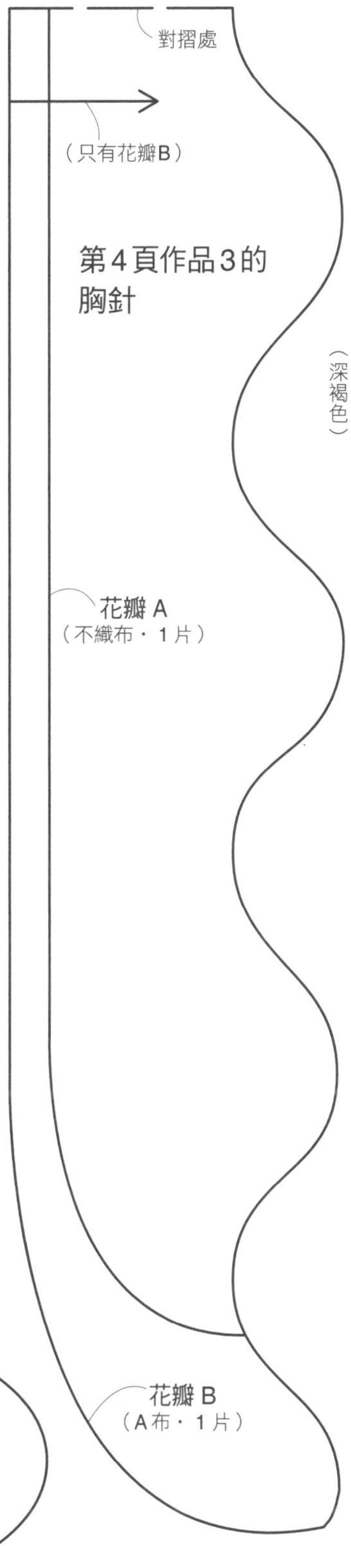

補強布
（不織布・1片）

花瓣B
（A布・1片）

※原寸紙型、圖案未包含縫分。未指定的部分不需要保留縫分，直接沿著線裁剪即可。

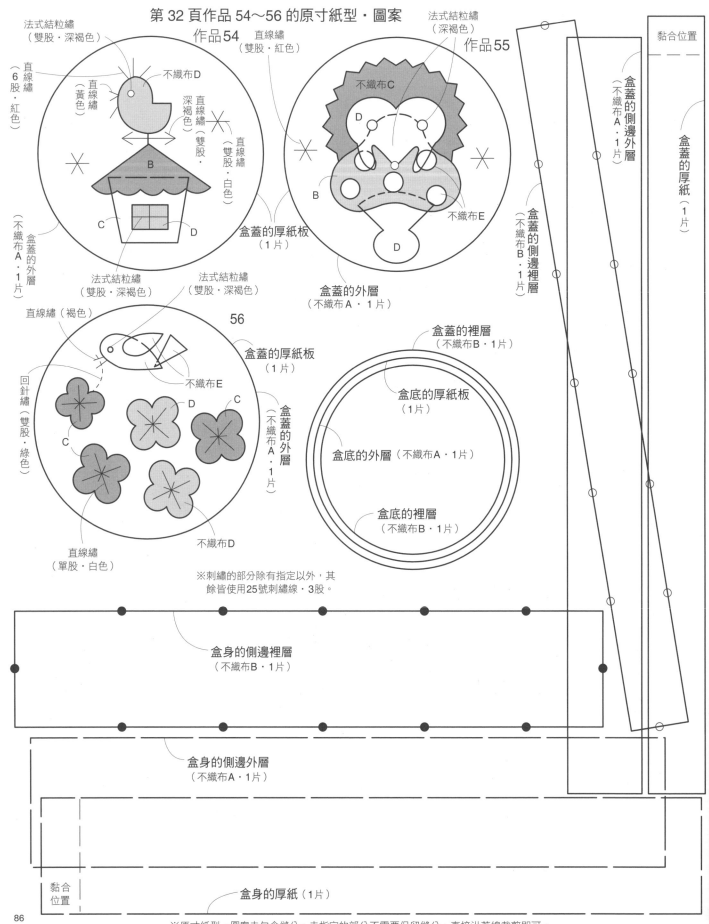

第 32 頁作品 54～56 的原寸紙型・圖案

作品54

法式結粒繡
（雙股・深褐色）

直線繡
（6股・紅色）

直線繡
（雙股・深褐色）

不織布D

直線繡
（黃色）

直線繡
（雙股・深褐色）

直線繡
（雙股・紅色）

B

C

D

直線繡
（雙股・白色）

盒蓋的厚紙板
（1片）

盒蓋的外層
（不織布A・1片）

法式結粒繡
（雙股・深褐色）

法式結粒繡
（雙股・深褐色）

作品55

法式結粒繡
（深褐色）

不織布C

D

B

不織布E

D

盒蓋的外層
（不織布A・1片）

盒蓋的側邊外層
（不織布A・1片）

盒蓋的側邊裡層
（不織布B・1片）

盒蓋的厚紙
（1片）

黏合位置

56

直線繡（褐色）

回針繡
（雙股・綠色）

C

C

D

不織布E

盒蓋的厚紙板
（1片）

盒蓋的外層
（不織布A・1片）

直線繡
（單股・白色）

不織布D

盒蓋的裡層
（不織布B・1片）

盒底的厚紙板
（1片）

盒底的外層（不織布A・1片）

盒底的裡層
（不織布B・1片）

※刺繡的部分除有指定以外，其
餘皆使用25號刺繡線・3股。

盒身的側邊裡層
（不織布B・1片）

盒身的側邊外層
（不織布A・1片）

黏合
位置

盒身的厚紙（1片）

※原寸紙型・圖案未包含縫分。未指定的部分不需要保留縫分，直接沿著線裁剪即可。

作品製作前的注意事項

原寸紙型的描繪方法

用鉛筆將書上的原寸紙型描繪在描圖紙（透明薄紙）或較薄的紙張上。或是可以用影印機影印。

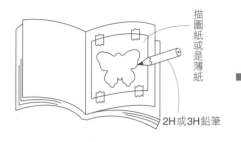

描圖紙或是薄紙

2H或3H鉛筆

由下而上依序疊上厚紙板、複寫紙（轉寫紙）、描圖紙或薄紙，用硬質鉛筆（2H～3H）描畫線條，將紙型描在厚紙板上（僅限紙型已描在描圖紙或薄紙上的情況下）。

厚紙板

複寫紙

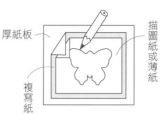

描圖紙或薄紙

「薄紙」可使用筆記本之類的紙張，因為它有一定的厚度，而且還有橫線，能做為標示線使用，描畫的時候也不容易移位，非常方便！

薄紙

書上的圖案

描畫紙型時的注意事項

◆描畫紙型時的注意事項❶◆

紙型上將重疊在下的部分用虛線表示，所以描的時候要注意。拼接的位置最好先標上騎縫記號。

重疊部分的完成線

先標好拼接位置的騎縫記號

完成線

◆描畫紙型時的注意事項❷◆

布片上有刺繡之類的圖案時，應先將圖案描好。

眼睛・嘴巴等等也要畫好

◆描畫紙型時的注意事項❸◆

如果要裁剪成左右對稱時，可將紙型翻至反面後，放在布料或不織布上面，畫上記號線即可。

本體

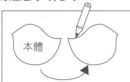

將紙型翻過來，畫上記號線

◆描畫紙型時的注意事項❹◆

「對摺處」的部分，可將紙型翻至反面後畫上記號線，攤開之後即完成完整的布片。

對摺處

縫分　側邊

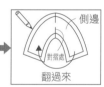

側邊

對摺處

翻過來

不織布的記號標示與裁剪方法

◆裁剪方法 A◆

剪下紙型

完成線

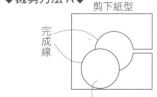

紙型

用鉛筆將紙型描在不織布上

紙型

不織布

使用HB或B的鉛筆。深色的不織布則改用白色的色鉛筆描畫

沿著記號線剪下

記號線

不織布

沿著線的內緣裁剪

◆裁剪方法 B◆

不適用於較大的布片。剪下紙型時，在旁邊多預留一些空間。

薄紙

用透明膠帶將紙型貼在不織布上

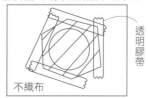

透明膠帶

不織布

連紙型的紙一起剪下

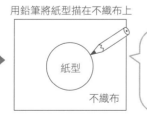

不織布

剪刀以直角的方式剪入

車縫的技巧與重點

起縫點與止縫點需採用回針縫。回針縫就是在相同針目上重複車縫2～3次。

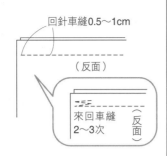

回針車縫0.5～1cm

（反面）

來回車縫2～3次（反面）

基本的手縫技巧

避免縫線露出表面的挑縫技巧（綴縫）

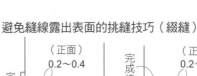

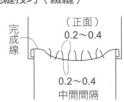

（正面）
完成線
0.2～0.4
0.2～0.4
中間間隔

（正面）
完成線
0.2～0.4
0.2～0.4
中間間隔

細針併縫

0.2　（反面）

併縫

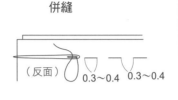

（反面）
0.3～0.4　0.3～0.4

挑縫

斜布條
0.3～0.4
（反面）

把剩下的部分縫補起來

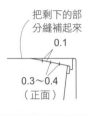

0.1
0.3～0.4
（正面）

以基本的毛邊繡手縫縫合兩塊布片時的技巧

※毛邊繡的行進方向不拘。

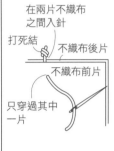

在兩片不織布之間入針
打死結
不織布後片
不織布前片
只穿過其中一片

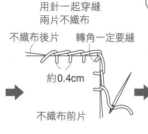

用針一起穿縫兩片不織布
不織布後片
轉角一定要縫
約0.4cm
不織布前片

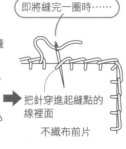

即將縫完一圈時……
把針穿進起縫點的線裡面
不織布前片

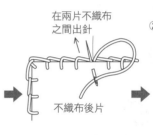

在兩片不織布之間出針
不織布後片

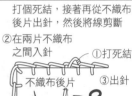

打個死結，接著再從不織布後片出針，然後將線剪斷
②在兩片不織布之間入針
①打死結
③出針
不織布後片
④拉緊縫線，將①的死結拉進內側

刺繡的技巧

（例）直線繡（雙股・紅色）
↑刺繡的時候使用○股刺繡線
↑刺繡線的顏色

25 號刺繡線的用法

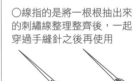

先剪成方便使用的長度

同時抽出幾股刺繡線會糾結在一起，最好一根一根地抽出來

○線指的是將一根根抽出來的刺繡線整理整齊後，一起穿過手縫針之後再使用

雙股　三股

緞面繡

3出
1出　2入

平針繡

3出　2入
1出

回針繡

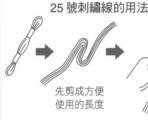

3出　2入
1出

毛邊繡

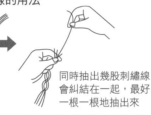

1出
3出
2入

直線繡

3出
2入
1出

法式結粒繡

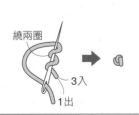

繞兩圈
3入
1出

鎖鍊繡

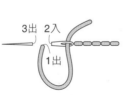

1出
3出
2入

雛菊繡

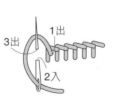

3出
2入
4入
1出

輪廓繡

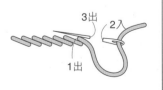

3出
2入
1出